利用 Mendix 构建低代码应用程序

[美] 布莱恩·肯内韦　等著

张　颖　译

清华大学出版社

北　京

内 容 简 介

本书详细阐述了与构建低代码应用程序相关的基本解决方案，主要包括 Mendix 简介、Mendix 平台、Mendix Studio、Studio Pro、构建基础应用程序、域模型、页面设计、微流、自定义应用程序、错误处理和故障排除、存储数据、REST 集成等内容。此外，本书还提供了相应的示例、代码，以帮助读者进一步理解相关方案的实现过程。

本书适合作为高等院校计算机及相关专业的教材和教学参考书，也可作为相关开发人员的自学用书和参考手册。

北京市版权局著作权合同登记号 图字：01-2021-6715

图书在版编目（CIP）数据

利用 Mendix 构建低代码应用程序 /（美）布莱恩·肯内韦等著；张颖译. —北京：清华大学出版社，2022.10
书名原文：Building Low-Code Applications with Mendix
ISBN 978-7-302-61752-5

Ⅰ.①利… Ⅱ.①布… ②张… Ⅲ.①软件开发 Ⅳ.①TP311.52

中国版本图书馆 CIP 数据核字（2022）第 161818 号

责任编辑：贾小红
封面设计：刘 超
版式设计：文森时代
责任校对：马军令
责任印制：丛怀宇

出版发行：清华大学出版社
网   址：http://www.tup.com.cn，http://www.wqbook.com
地   址：北京清华大学学研大厦 A 座   邮   编：100084
社 总 机：010-83470000   邮   购：010-62786544
投稿与读者服务：010-62776969，c-service@tup.tsinghua.edu.cn
质量反馈：010-62772015，zhiliang@tup.tsinghua.edu.cn
印 装 者：三河市少明印务有限公司
经   销：全国新华书店
开   本：185mm×230mm   印   张：18.5   字   数：369 千字
版   次：2022 年 10 月第 1 版   印   次：2022 年 10 月第 1 次印刷
定   价：99.00 元

产品编号：093826-01

译 者 序

提起"低代码"程序开发,可能很多人甚至包括一些专业开发人员都是一头雾水,但是如果再加上一个 Scratch,你可能就似有所悟了。没错,Scratch 其实就是一个低代码开发平台,它的名声很大,因为国内很多小学编程课程都采用它作为平台。

在 Scratch 中编程就像搭积木一样,基本上不需要写代码。但是,它的极致简化优点同样也是它的缺点,因为它很难实现比较复杂的逻辑,更谈不上后台能力,因此基本上只适合儿童编程启蒙。对于有志学习软件开发但较少进行编程技能训练的成年人来说,更适用的低代码平台是 Mendix、Kony 和 Outsystems 等。

低代码开发平台降低了软件开发的门槛,使得很多非计算机专业的人员也可以通过开发程序来实现工作流程的自动化,Mendix 在这方面有很大的优势(Gartner 2020 多体验开发平台魔力象限将 Mendix 评定为领导者),因为它提供了微流系统,可以管理复杂的后台流程。对于高级用户,还支持自定义 Java 操作。

本书从 Mendix 和低代码开发的基础知识开始,详细介绍了域模型、实体、特性、实体关联、函数、子微流、可配置设置和规则等概念,并在 Mendix Studio Pro 中演示了页面创建、通过微流创建自定义逻辑、错误处理和故障排除、使用第三方 API 集成外部数据等操作。本书不但阐释了众多编程理念、技巧和经验,还提供了一个贯穿全书的在线视频租赁商店示例,演绎了 Mendix Studio Pro 程序开发的完整过程,对初学者有很好的启示作用。

在翻译本书的过程中,为了更好地帮助读者理解和学习,本书以中英文对照的形式保留了大量的原文术语,这样安排不但方便读者理解书中的代码,而且也有助于读者通过网络查找和利用相关资源。

本书由张颖翻译,此外黄进青也参与了部分翻译工作。由于译者水平有限,错漏之处在所难免,在此诚挚欢迎读者提出任何意见和建议。

译 者

前　　言

感谢读者阅读本书。我们将详细探索什么是低代码、低代码开发平台之间的差异、Mendix 优势以及其开发操作。顾名思义，低代码就是指使用很少的代码开发应用程序，它使用可视化平台而不是传统平台，通过减少对传统代码的需求，更快构建应用程序。Mendix 是该领域的领先者之一，本书将带你了解其账户创建和界面功能分解等知识，然后以此为基础完成应用程序创建，以及存储数据和创建 REST 服务。通读完本书之后，读者将对 Mendix 基础知识及其应用程序开发有较为深入的理解。

本书读者

本书适用于任何想要了解低代码和 Mendix 平台的人。本书内容将吸引学习软件开发和计算机科学的学生以及希望拓宽知识面和学习新工具的经验丰富的软件工程师。虽然读者具备计算机科学和软件开发基础知识会对学习本书有所帮助，但这并不是必需的。任何有热情和好奇心的人都可以使用 Mendix 构建应用程序，我们希望能帮助你开始这一旅程！

内容介绍

本书共分为 3 篇 13 章，具体内容如下。

❑ 第 1 篇为 "基础知识"，包括第 1～4 章。

➢ 第 1 章 "Mendix 简介"，阐释了什么是低代码，并介绍了 Mendix 及其历史。

➢ 第 2 章 "了解 Mendix 平台"，将引导你完成 Mendix 账户的创建过程，并详细介绍了 Mendix 平台的功能。

➢ 第 3 章 "了解 Mendix Studio"，重点介绍了 Mendix 的低代码 Web 平台 Mendix Studio。

➢ 第 4 章 "了解 Studio Pro"，深入探讨了 Studio Pro 的功能和界面。

❑　第 2 篇为 "构建第一个应用程序"，包括第 5～8 章。

   ➢　第 5 章 "构建基础应用程序"，帮助你熟悉开发人员门户并在 Mendix Studio Pro 中构建基础应用程序。

   ➢　第 6 章 "域模型基础知识"，详细讨论了 Mendix 域模型，介绍了实体、特性和关联等概念，并在 Mendix Studio Pro 中进行了实际演示操作。

   ➢　第 7 章 "页面设计基础知识"，介绍了在 Mendix Studio Pro 中构建用户界面的页面、小部件、布局和 Atlas UI 框架。

   ➢　第 8 章 "微流"，介绍了常见的微流元素以及如何使用它们在 Mendix Studio Pro 中创建应用程序逻辑。

❑　第 3 篇为 "提升应用程序层次"，包括第 9～13 章。

   ➢　第 9 章 "自定义应用程序"，详细讨论了函数、子微流以及一些增强应用程序和实现自定义业务逻辑的其他方法。

   ➢　第 10 章 "错误处理和故障排除"，探讨了主动解决问题和错误的方法，这是软件开发中不可或缺的一部分，并为你提供了实用工具，以便在问题出现时能够深入挖掘。

   ➢　第 11 章 "存储数据"，探讨了如何构建应用程序的数据库。我们将通过讨论关联实体和创建域模型的各种方法来实现这一点。

   ➢　第 12 章 "REST 集成"，着眼于当今世界的互联程度，重点介绍了创建与其他应用程序和数据源集成的重要性。本章学习了如何使用 REST 调用从第三方数据源提取数据。

   ➢　第 13 章 "内容回顾"，回顾了本书涵盖的所有主题，并总结了一些核心概念。

充分利用本书

要充分利用本书，读者应该对面向对象编程（object-oriented programming，OOP）有基本的了解，这可以是使用另一种语言（如 Java、PHP、JavaScript 等）的经验，也可以是在 Microsoft Office 或类似产品中使用脚本的高级应用经验。此外，你还应该对低代码编程的可能性持开放态度。使用低代码平台可以更好地理解和应用面向对象编程的概念。读者可安装 Mendix Studio Pro 并执行本书中的练习。

本书软件和操作系统需求如表 P.1 所示。

表 P.1　本书软件和操作系统需求

本书涉及的软件	操作系统需求
Mendix Studio Pro 8.11 或更高版本	64 位 Windows 7（SP1 或更高版本）、8 或 10

安装 Mendix Studio Pro 时，将自动安装 Mendix Studio Pro 所需的任何其他框架。

本书使用的屏幕截图来自 Mendix Studio Pro 8.18.1 版本。Mendix 8 的更高版本可能适合继续学习。虽然 UI/UX（用户界面/用户体验）可能存在细微差异，但你仍然能够按照本书说明进行练习。无论如何，本书中描述的原则和最佳实践不会改变。

下载示例代码文件

读者可以通过访问 www.packtpub.com 下载本书的示例代码文件。具体步骤如下。

（1）注册并登录 www.packtpub.com。

（2）在页面顶部的搜索框中输入图书名称 Building Low-Code Applications with Mendix（不区分大小写，也不必输入完整），即可看到本书出现在列表中，单击打开链接，如图 P.1 所示。

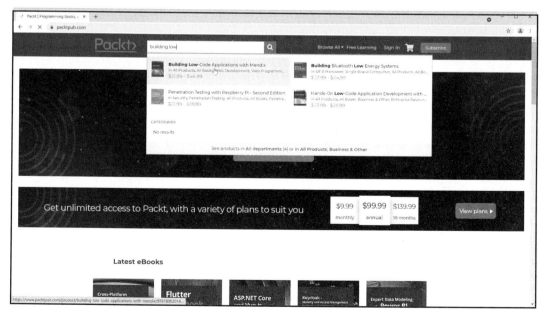

图 P.1　搜索图书名

（3）在本书详情页面中，找到并单击 Download code from GitHub（从 GitHub 下载代码文件）按钮，如图 P.2 所示。

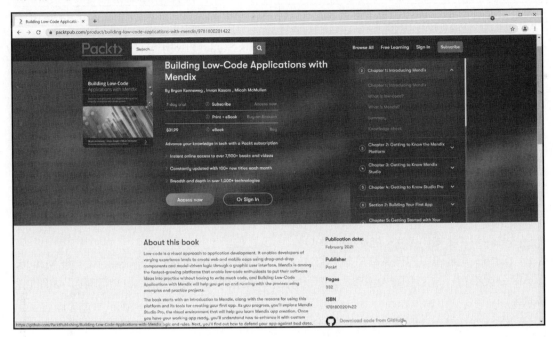

图 P.2　单击下载代码的按钮

提示：如果你看不到该下载按钮，可能是没有登录 packtpub 账号。该站点可免费注册账号。

（4）在本书 GitHub 源代码下载页面中，单击右侧 Code（代码）按钮，在弹出的下拉菜单中选择 Download ZIP（下载压缩包）选项，如图 P.3 所示。

下载文件后，请确保使用最新版本解压缩文件夹。

❑　WinRAR/7-Zip（Windows 系统）。

❑　Zipeg/iZip/UnRarX（Mac 系统）。

❑　7-Zip/PeaZip（Linux 系统）。

你也可以直接访问本书在 GitHub 上的存储库，其网址如下：

https://github.com/PacktPublishing/Building-Low-Code-Applications-with-Mendix

如果代码有更新，则也会在现有 GitHub 存储库上更新。

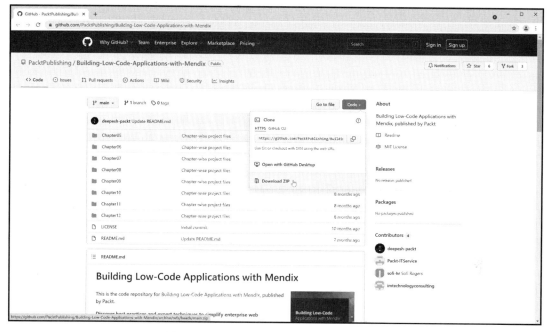

图 P.3　下载 GitHub 存储库中的代码压缩包

下载彩色图像

我们还提供了一个 PDF 文件，其中包含本书中使用的屏幕截图/图表的彩色图像。可以通过以下地址下载：

http://www.packtpub.com/sites/default/files/downloads/9781800201422_ColorImages.pdf

本书约定

本书中使用了许多文本约定。

（1）CodeInText：表示文本中的代码字、数据库表名、文件夹名、文件名、文件扩展名、路径名、虚拟 URL、用户输入和 Twitter 句柄等。以下段落就是一个示例：

本章示例项目可在以下网址的 Chapter05 文件夹中找到：

```
https://github.com/PacktPublishing/Building-Low-Code-Applications-with-Mendix
```

（2）有关代码块的设置如下所示：

```
length(trim(replaceAll('This is my random string', 'random string','')))
```

（3）术语或重要单词采用中英文对照形式，在括号内保留其英文原文。示例如下：

要将微流（microflow）、页面和纳米流（nanoflow）等元素添加到你的模块，可右击模块以显示上下文菜单，然后选择你要创建的项目。要显示更长的可用项目列表，可选择 Add Other（添加其他）菜单项。

（4）对于界面词汇同样采用中英文对照形式，英文界面词汇在前，括号中为其中文翻译。示例如下：

登录后，你将进入 My Apps（我的应用程序）页面。在这里可以创建新应用程序或打开现有应用程序。此页面包含指向 Mendix 文档以及 App Store（应用程序商店）和 Developer Portal（开发人员门户）中位置的快速链接。My Apps（我的应用程序）页面中还有一个最近项目的列表，以便于访问。

（5）本书还使用了以下两个图标。

🛈表示警告或重要的注意事项。

💡表示提示或小技巧。

关 于 作 者

Bryan Kenneweg 是获得 Mendix 专家认证的开发人员，也是 eXp Realty 软件工程师团队负责人。他曾在 TimeSeries 担任顾问和自由开发人员。

Imran Kasam 是一名独立的 Mendix 架构顾问，自 2012 年以来一直在该平台工作。他是获得 Mendix 专家认证的开发人员和 Mendix MVP。Imran 喜欢帮助公司的工程团队完善软件交付实践。

Micah McMullen 是 eXp Realty 软件工程师和团队负责人。自 2013 年以来，他一直在 Mendix 工作，并获得专家认证。他喜欢用简单的解决方案解决复杂的业务需求。

关于审稿人

Rene van Hofwegen 在 2010 年加入 Mendix 的 Mendix 项目部门，担任多个 Mendix 项目的顾问。2011 年年初，Rene 将重点转移到 Mendix 学院，从主持和开发 Mendix 培训课程开始，扩展到 Mendix 学院的整体管理。

2017 年，Rene 离开了 Mendix，留下了目前仍然存在的 Mendix 培训和认证计划。在离开 Mendix 之后，Rene 作为 Mendix 培训师继续为 Mendix 社区做出贡献，并在欧洲指导 Mendix 开发人员。2018 年，他被任命为 Mendix MVP 并获得 Mendix 培训师认证。

2021 年，Rene 创立了低代码学院。他与 Mendix、Mendix Academy 和多个 Mendix 合作伙伴合作，提供优秀的低代码培训和指导。

目　　录

第 1 篇　基 础 知 识

第 2 篇　构建第一个应用程序

第 3 篇　提升应用程序层次

第 1 篇

基 础 知 识

本篇的目标是让读者了解 Mendix 究竟是什么、使用 Mendix 的原因、Mendix 中的元素以及所需工具等基础知识。

本篇包括以下章节。

- ❏ 第 1 章，Mendix 简介。
- ❏ 第 2 章，了解 Mendix 平台。
- ❏ 第 3 章，了解 Mendix Studio。
- ❏ 第 4 章，了解 Studio Pro。

第 1 章　Mendix 简介

感谢你翻开本书并与我们同行。本书由拥有 20 多年经验的现任 Mendix 开发人员共同编写。低代码（low-code）是一个令人兴奋而又充满活力的领域，我们很高兴看到你向低代码和 Mendix 迈出了关键性的第一步。

本书可以在以下方面帮助你。

❑　了解什么是低代码。

❑　了解什么是 Mendix。

❑　使用 Mendix 功能，包括其 Studio 和 Studio Pro 平台。

❑　创建你自己的基准应用。

❑　获得域模型基础知识。

❑　使用 Microflow 微流的基础知识。

❑　学习有效的故障排除。

❑　精通错误处理。

❑　创建 REST API。

❑　使用高级微流。

❑　了解你需要的东西，以及如何准备 Mendix 快速应用程序开发人员认证考试。

通读完本书之后，你将对低代码是什么、Mendix 是什么，以及低代码应用程序开发技巧和经验有深刻的了解。你将能够创建一个演示性应用程序，并拥有获得 Mendix 初级认证所需的所有技能。

本章将告诉你 Mendix 是如何诞生的，并理解为什么会有这么多公司决定在其业务中实施低代码。到本章结束，你将充分了解低代码与传统编程的不同之处，并为开始使用 Mendix 做好准备。

本章包含以下主题。

❑　什么是低代码？

❑　什么是 Mendix？

1.1　关于低代码

"低代码"（low-code）或"无代码"（no-code）一词直到几年前才真正存在，但这个概念并不是一个新概念。一段时间以来，无论是在大型公司还是在小型企业中，都存在超级用户（power user）或公民开发者（citizen developer）的概念——所谓公民开发者，就是指那些受过较少编程训练的非专业软件开发人员，他们可以根据自己的业务需要，使用已屏蔽复杂性的 API，通过前端快速搭建自己的业务逻辑。

此外，有些商业用户（通常是指那些几乎没有传统开发经验但是熟谙应用的"非技术人员"）也可以自己改进流程，甚至构建整个应用程序。例如，很多 Excel 用户不会编写代码，但是他们却非常擅长该程序的应用，可以通过 Excel 实现数据提取、数据分析、智能报表、智能填表等各项功能。

为此，他们经常需要探索诸如 Visual Basic for Applications 之类的技术，这是 Microsoft 目前仍遗留的事件驱动编程语言。Mendix 等低代码工具扩展了这一理念，从非常精通技术的超级开发人员到只是为了解决业务问题的普通人，都可以通过这些技术改进自己的流程，甚至着手构建自己的应用。

让我们更多地关注低代码开发的视觉方面。使用可视化建模可以减少对传统代码的需求，从而更快地构建应用程序。此外，使用界面来组装和配置应用程序使具有不同经验的开发人员能够轻松地使用拖放组件以及模型驱动的逻辑来创建 Web 和移动应用程序。这允许开发人员跳过所有基础设施和模式的重新实现（这些模式的开发通常会减慢他们的速度）。图 1.1 显示了可视化代码和传统代码的区别。

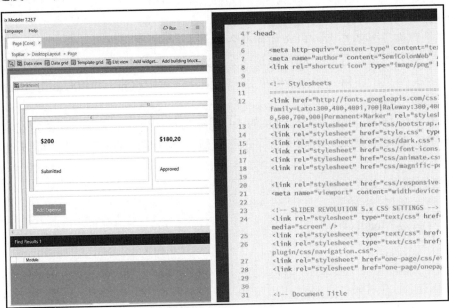

图 1.1　可视化代码（左）与传统代码（右）

现在我们已经清楚地了解了什么是低代码，以及可视化建模如何发挥作用，接下来让我们看看将所有内容连接在一起的平台部分。

由于很多企业缺乏熟练的开发人员，但同时又需要缩短项目周转时间以便快速解决业务流程问题，因此低代码和无代码平台的应用呈指数级增长。一般来说，低代码平台是一种可视化开发环境，它允许具有不同经验程度的开发人员拖放应用程序组件，将它们连接在一起，以创建移动或 Web 应用程序。

使用这样的平台时，你无须逐行编写应用程序代码，而是可以将它画出来，就像画流程图一样，这使得开发强大的新应用程序的速度大大加快。使用这种模块化方法，专业开发人员可以显著减少传统的逐行编写代码的需要，以快速构建应用程序。

这些平台使得包括业务分析师（business analyst，BA）到企业高管在内的任何人都能够开发和测试应用程序。这是因为它们使得应用程序开发无须了解传统编程语言。所有开发人员看到的是一个用户友好的界面，允许将组件和第三方 API 连接在一起并进行测试。图 1.2 显示了此类平台的一些示例。

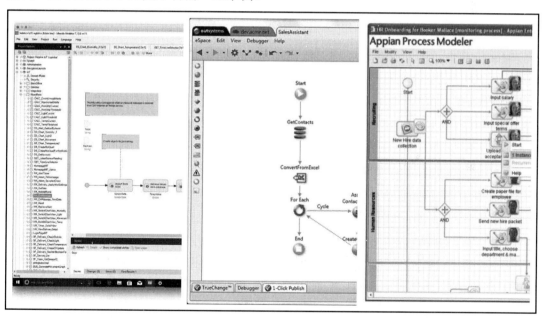

图 1.2　平台示例（从左到右依次为 Mendix、OutSystems、Appian）

你现在应该明白，为什么低代码路线已经成为一种趋势，而且这些平台会变得越来越强大。据著名信息技术研究和分析公司 Gartner 称：“到 2024 年，低代码应用程序开发将占应用程序开发活动的 65%以上。”

低代码和这些平台的存在乃至强势崛起，根本原因就在于我们越来越需要能够快速开发低代码应用程序。

　　现在我们已经了解了什么是低代码，接下来不妨认识一下 Mendix 平台，看看它与低代码的使用有何关系。

1.2　关于 Mendix

　　在了解了低代码的意义及其不同平台之后，现在我们将更详细地介绍本书要讨论的 Mendix。图 1.3 显示了 Mendix 徽标的外观。

图 1.3　Mendix 徽标

　　Mendix 是一个低代码平台，也是低代码开发的领导者。它提供了构建、测试和部署应用程序的工具。

　　Mendix 于 2005 年在荷兰鹿特丹成立，一直在构建平台，以便企业能够更快地上线自己的服务并更快地取得成功。2018 年 10 月 1 日，Mendix 被欧洲最大的工业制造公司西门子收购。图 1.4 显示了整个 Mendix 团队的合影。

图 1.4　最初的 Mendix 团队成员（摄于 2007 年）

Mendix 是低代码的领导者，它被很多公司使用，原因在于它具有以下关键特性。

- ❑ 云原生架构。
- ❑ 协作视觉开发。
- ❑ 多渠道用户体验。
- ❑ 无须重新设计即可扩展。
- ❑ 能够在任何地方部署。

Mendix 是一个允许开发移动应用（mobile App）和 Web 应用程序的高生产力平台，同时保持敏捷开发（如 SCRUM）和 DevOps（开发运维一体化）的最佳实践。Mendix 甚至还更进一步，允许企业用户向应用程序提供直接反馈，将重要的反馈信息发送给那些负责修复或改进业务流程的开发人员。

在探讨不同的低代码平台和提供商时，协作和处理应用程序生命周期管理之间可能存在巨大的关键差异。Gartner 2020 多体验开发平台魔力象限很好地显示了 Mendix 的定位（Mendix 被评为领导者），如图 1.5 所示。

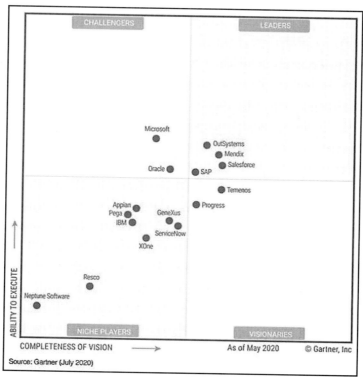

图 1.5　Gartner 的多体验开发平台魔力象限

原　　文	译　　文
CHALLENGERS	挑战者
LEADERS	领导者
NICHE PLAYERS	市场定位很清晰的玩家
VISIONARIES	愿景
ABILITY TO EXECUTE	执行能力
COMPLETENESS OF VISION	愿景完整性
As of May 2020	截至 2020 年 5 月

Gartner 有关 Mendix 的说明如下：

"Mendix 是唯一一家支持所有 4 种移动架构的领导者，也是唯一一家支持完整的移动部署选项套件（Web、PWA、混合和原生移动应用程序）的领导者，这使得客户能够利用适当的架构来提供移动应用程序的最佳用例。"

该说明的链接如下：

https://www.mendix.com/resources/gartner-2020-mq-for-multiexperience-development-platforms/

很多组织都在使用 Mendix，如 ConocoPhillips、Ingersoll Rand、Chubb、Canada Post、New Balance 和 eXp Realty 等。这些组织或企业都看到了过渡到低代码环境的必要性，并且理解 Mendix 有助于实现以下目标：现代化的程序开发、以前所未有的水平参与、创新以及在可能的情况下实现自动化。

1.3　小　　结

本章讨论了全书的重点主题。我们深入研究了什么是低代码、它与传统编程的区别以及低代码平台。同时还解释了 Mendix 平台及其定位。

第 2 章将进一步探索 Mendix 及其提供的许多功能。我们将带你完成账户创建过程，并简要介绍 Mendix 账户、Mendix 论坛（许多开发人员都会在论坛寻求帮助或提问）和 Mendix 应用商店（许多开发人员以及 Mendix 本身都可以共享免费的应用程序和小部件）。

1.4　牛 刀 小 试

测试你对本章讨论的概念的理解情况。答案将在第 2 章的"牛刀小试"后提供。

（1）使用以下哪一项可以让你更快地构建应用程序？

    A．代码

    B．可视化建模

    C．低代码

    D．计算器

（2）是非题：使用 Mendix，你无须逐行编写应用程序代码。

    A．是

    B．否

（3）Mendix 成立于何处？

    A．美国奥斯汀

    B．日本东京

    C．荷兰鹿特丹

    D．美国圣地亚哥

（4）以下哪一项不是使用 Mendix 的原因？

    A．云原生架构

    B．能够在任何地方部署

    C．通过重新设计进行扩展

    D．多渠道用户体验

（5）Mendix 是什么？

    A．Mendix 是一个低代码平台

    B．Mendix 是一种传统的编码语言

    C．Mendix 是一个代码编辑器

    D．Mendix 是一种水果

第2章 了解 Mendix 平台

在第 1 章中详细讨论了低代码以及 Mendix。相信你已经对它们有了初步的了解，本章将引导你完成 Mendix 账户的创建过程。

创建账户后，我们还将引导你了解可用的功能。此外，本章还将探索 Mendix 社区以及在创建账户后可使用的其他选项。

本章包含以下主题。

❑ 创建账户。

❑ 主页概览和详细分解。

❑ 应用程序、人员和社区。

❑ Mendix 论坛和文档。

❑ Mendix 应用程序商店。

2.1 创 建 账 户

让我们从创建一个账户开始。

开始使用前，请访问 www.mendix.com。这是 Mendix 主页，但作为开发人员，你看到此页面的机会并不多，这是因为，你将登录到你的开发人员门户，甚至直接登录到你正在使用的建模器。图 2.1 显示了 Mendix 主页的外观。

现在让我们深入了解一下注册过程。在 Mendix 主页上，单击左下角的 Start for free（免费开始）按钮，打开如图 2.2 所示的页面。

进入此页面后，系统会要求你提供几条信息。请注意，Mendix 要求提供公司电子邮箱（因此不能使用 QQ 等免费电子邮箱）。如果你有公司电子邮箱、学校电子邮箱，甚至某些免费电子邮箱（如 Zoho），即可满足此电子邮箱要求。

这是因为，电子邮箱中的扩展名@exampleemail.com 将被添加为平台上的公司。在该公司协作中，可以管理与公司相关的开发资产，共享应用程序节点安全权限。这使得公司内的 IT 团队可以支持和控制 Mendix 应用程序。

图 2.1　单击 Start for free（免费开始）按钮在 Mendix 主页上创建账户

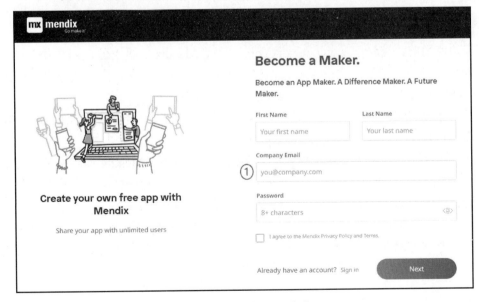

图 2.2　第一个注册页面

接下来，你将收到一封电子邮件以确认你的注册，如图 2.3 所示。

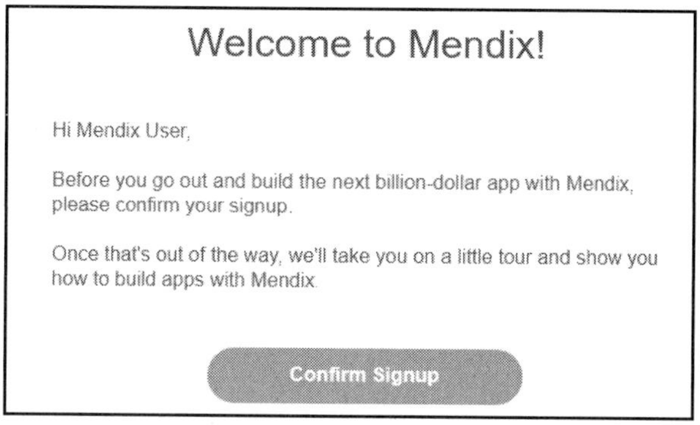

图 2.3　从 Mendix 发送的用于完成激活的电子邮件

一旦你确认了注册，还会有几个额外的问卷，完成后，你将看到 Mendix 主页。

恭喜！你已完成注册流程，现在是 Mendix 社区的一员。

接下来，我们将仔细介绍一下 Mendix 主页。

2.2　主页概览和详细分解

在注册账户之后，Mendix 将为你提供许多很棒的资源和工具。本节将详细介绍注册账户之后的主页变化，以及它对你未来的 Mendix 开发的帮助。图 2.4 显示了注册账户后 Mendix 主页的外观。

对比图 2.1，可以看到图 2.4 页面顶部出现了许多新的标题。现在让我们快速介绍一下这些标题。

- ❑ People（人员）：在这里可以与其他 Mendix 开发人员联系。
- ❑ Community（社区）：在这里可以找到博客文章、求职招聘信息、排行榜、Mendix 商店等。
- ❑ App Store（应用商店）：它是 Mendix 和其他开发人员共享他们的小部件和应用程序的商店。你还可以将它连接到你的应用程序。
- ❑ Academy（学院）：在这里你可以找到 Mendix 提供的一些额外培训和资源，以及现场课程。
- ❑ Forum（论坛）：如果你遇到问题，则可以到这里逛一逛。你可以搜索甚至向世界各地的许多开发人员发布问题。随着时间的推移和经验的增长，你也可以帮助新开发人员解决他们的问题。

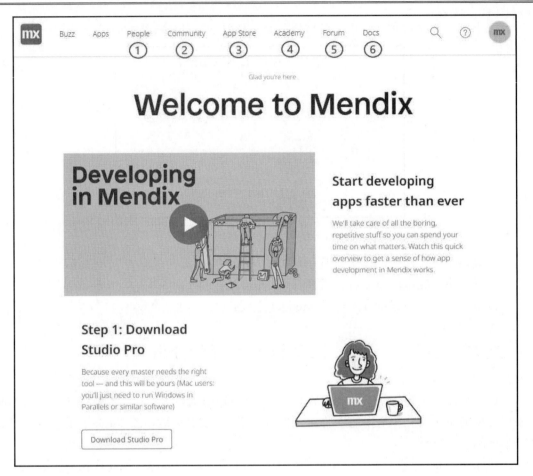

图 2.4　Mendix 主页（注册后）

❑　Docs（文档）：除学院外，Mendix 还拥有大量有用文档和最佳实践。

现在你已经大致了解了主要选项卡的内容，接下来让我们仔细看看每个选项卡。

2.3　应用程序、人员和社区

在创建了 Mendix 账户之后，让我们看看前 3 个选项卡。

首先是 Apps（应用程序）选项卡。在图 2.5 中，可以在 Apps（应用程序）选项卡下看到不同的选项。

图 2.5　在 Apps（应用程序）选项卡中可以查看你自己的应用程序
以及与你的公司或别名相关联的应用程序

　　你可能已经注意到，前面的列表中并没有包含 Apps（应用程序）。Apps（应用程序）是你可以查看公司信息和公司应用程序的部分，这通常与你提供的电子邮件相关。这个选项卡在本书中基本上用不到，但它是很多操作的基础。

　　接下来，单击 Community（社区）按钮，得到如图 2.6 所示界面。

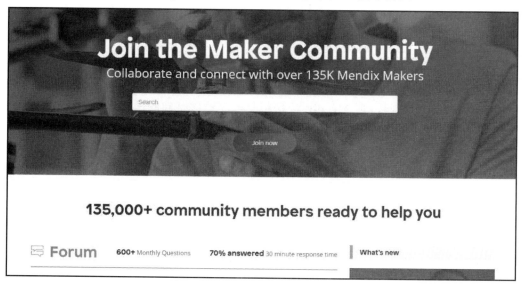

图 2.6　Mendix Community（社区）页面允许你与其他 Mendix 开发人员联系

　　如图 2.7 所示，在 People（人员）选项卡中，可以搜索和浏览所有公开的 Mendix 开发人员账户。你可以查看他们的个人资料、排名以及他们获得的徽章。此外，你还可以邀请会员加入平台。

　　Mendix 是社区讨论的主题。该社区拥有超过 135000 名社区成员，你可以查看从职位发布到论坛发布以及其他社区项目的任何内容。

图 2.7　Mendix People（人员）选项卡允许你搜索 Mendix 开发人员并与他们联系

Mendix 甚至还有一家商店，你可以在其中兑换论坛积分（通过保持活跃度和简单开发）。

接下来，让我们看看 Mendix 主页上提供的其他选项卡。

2.4　Mendix 论坛和文档

Mendix 为其用户提供的下一个功能是它的开放 Forum（论坛）以及 Docs（文档）页面。这些页面为你的 Mendix 开发之旅提供了额外的支持和资源。简而言之，如果你对正在处理的问题有任何疑问，则 Mendix 论坛就是提交这些疑问的地方。Mendix 的开发人员遍布世界各地，通常你的疑问会在数小时内得到答复。

论坛也是一个很好的研究场所，如果你偶然发现任何 bug 或问题，那么论坛是一个很好的交流资源，因为很可能有人已经发布了该问题并收到了回复。图 2.8 显示了 Mendix 论坛主页的外观。

图 2.8　Mendix 论坛主页

关于 Mendix 论坛的最后一点是，你还可以提交你的想法。在使用 Mendix 时，如果你遇到平台问题，并且你有很好的解决方案来修复它，即可发布它，甚至在未来的版本中也可能实现你的修复。

Mendix Docs（文档）是一款功能强大的 Mendix 词典。如果你正在学习某个主题，并且对此有一些疑问，那么访问 Mendix Docs（文档）并进行快速搜索是一个很好的开始。遵循 Mendix 的协作原则，Mendix Docs（文档）还允许你通过提供和改进当前页面来做出贡献。这样可以实现不断的改进和更新。Docs（文档）页面的外观如图 2.9 所示。

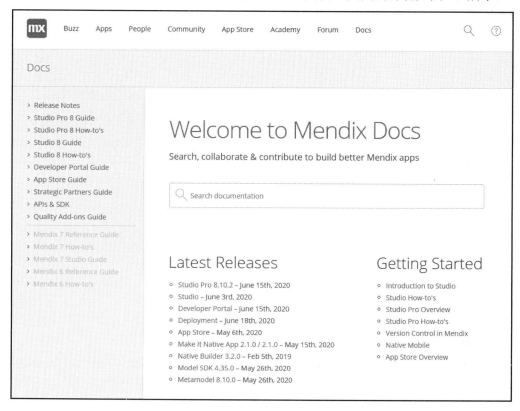

图 2.9　Mendix Docs（文档）主页

随着 Mendix 的持续更新和发布，Docs（文档）页面也是搜索当前版本和过去版本的地方。你可以浏览这些版本并选择最适合你要解决的问题的版本。

接下来，让我们看看最后一个标签——Mendix App Store。

2.5　Mendix 应用程序商店

图 2.10 显示了 Mendix App Store（Mendix 应用程序商店）页面。

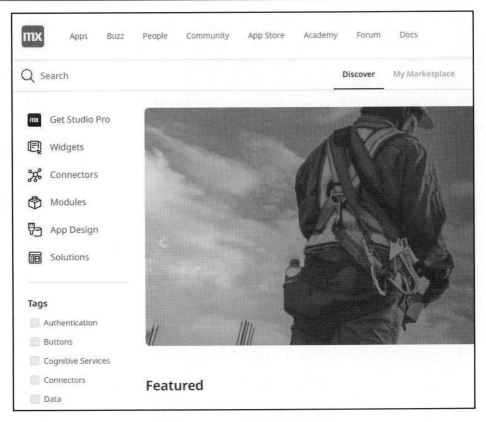

图 2.10　Mendix 应用程序商店页面

　　作为开发人员和用户，App Store 是你可以轻松地为你的任何应用程序添加更多功能的地方。Mendix 提供了这个商店，在其中，你可以将模块（功能和连接程序）或小部件（前端组件）直接下载到你的项目中，从而轻松实现集成。在此页面中，你可以搜索、评价和下载数百个由社区或 Mendix 直接创建的应用程序。

　　Mendix 社区的一大优点是数百名 Mendix 开发人员喜欢分享他们构建的模块和小部件，从而使你的开发生涯更加轻松。

2.6　小　　结

　　本章详细介绍了账户创建过程。在注册后，一旦登录主页，即可进入开发人员自己的页面。我们简要介绍了基本的主页布局和页面顶部的导航链接。

本章介绍了 App Store，在其中你可以连接应用程序和小部件并将其直接下载到自己的项目中。同时还浏览了论坛和文档页面，这些页面提供了与 Mendix 社区的联系，开发人员可以在其中提出问题并查找可能遇到的任何问题的答案。

现在我们已经完成了 Mendix 基础知识的介绍，接下来将更深入地研究 Mendix 开发。

第 3 章将进一步探索 Mendix 平台，包括详细了解 Mendix Studio 和 Mendix Studio Pro。

2.7 牛 刀 小 试

测试你对本章讨论的概念的理解情况。答案将在第 3 章的"牛刀小试"后提供。

（1）Mendix 的网址是什么？

    A．Mendix.co

    B．Mendix.com

    C．Mendix.co.uk

    D．Mendix.net

（2）是非题：目前，你可以使用任何电子邮箱注册 Mendix 账户。

    A．是

    B．否

（3）如果你遇到了 Mendix 开发问题或需要额外帮助，可以去哪里寻求帮助？

    A．Buzz

    B．Community

    C．Forums

    D．Docs

（4）是非题：你必须付费才能在 App Store 中下载应用程序。

    A．是

    B．否

（5）可以在哪里查看博客、求职招聘信息和排行榜？

    A．Docs

    B．Community

    C．People

    D．Home 主页

第 1 章牛刀小试答案

以下是第 1 章牛刀小试的答案。

（1）使用以下哪一项可以让你更快地构建应用程序？

    A．代码

    B．可视化建模

    C．低代码

    D．计算器

（2）是非题：使用 Mendix，你无须逐行编写应用程序代码。

    A．是

    B．否

（3）Mendix 成立于何处？

    A．美国奥斯汀

    B．日本东京

    C．荷兰鹿特丹

    D．美国圣地亚哥

（4）以下哪一项不是使用 Mendix 的原因？

    A．云原生架构

    B．能够在任何地方部署

    C．通过重新设计进行扩展

    D．多渠道用户体验

（5）Mendix 是什么？

    A．Mendix 是一个低代码平台

    B．Mendix 是一种传统的编码语言

    C．Mendix 是一个代码编辑器

    D．Mendix 是一种水果

第 3 章　了解 Mendix Studio

第 2 章详细演示了如何设置账户,并介绍了 Mendix 主页界面。本章将专注讨论 Mendix 的低代码 Web 平台 Mendix Studio。到本章结束时,你将清楚地了解如何启动 Mendix Studio,熟悉其界面,并了解使用 Mendix Studio 的原因。

本章包含以下主题。

❑　什么是 Mendix Studio?

❑　用户界面和功能的详细分解。

❑　为什么要使用 Mendix Studio?

3.1　关于 Mendix Studio

Mendix Studio 是一种浏览器工具,它可以帮助开发人员创建功能齐全的应用程序。你无须了解 Studio Pro 提供的大量详细信息即可查看和编辑应用程序。借助 Studio,你还可以随时与使用 Studio Pro 的其他团队成员协作。

使用 Studio 最明显的好处之一是你可以在浏览器中运行它,而无须在 PC 上安装任何其他软件。这使得开发人员几乎可以在任何地方使用任何计算机直接进入自己的项目。

3.1.1　使用 Mendix Studio

首先,让我们带你进入 Studio。这需要创建一个空白应用程序或使用模板。

要创建应用程序,可单击主页右上角的 Create App(创建应用程序)按钮,如图 3.1 所示。

图 3.1　创建应用程序

在创建了应用程序之后，即可进入 Studio。为此，可单击 Edit App（编辑应用程序）下拉菜单并选择 Edit in Studio（在 Mendix Studio 中编辑）按钮，如图 3.2 所示。

图 3.2　在 Studio 中编辑应用程序

单击该按钮后，即可转到 Studio 视图中的应用程序。

接下来，让我们看看 Mendix Studio 中的所有工具和功能。

3.1.2　Mendix Studio 用户界面和功能

现在你已经知道了如何启动 Mendix Studio，让我们带你了解一下建模器（Modeler）的功能和 UI，仔细看看其每个按钮和功能的作用。

图 3.3 显示了打开 Mendix Studio 用户界面时会看到的内容。

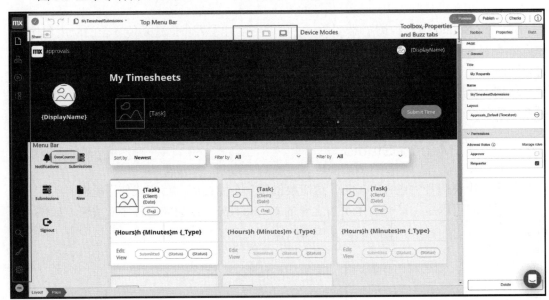

图 3.3　Mendix Studio 界面

图 3.3 显示了 Mendix Studio 及其组件的示例。该用户界面非常友好和直观。它大致包括以下内容。

❑　左侧的菜单栏（menu bar）。

❑　顶部菜单栏（top menu bar）。

❑　设备模式（device modes）。

❑　右侧的工具箱（Toolbox）、属性（Properties）和 Buzz 等选项卡。

图 3.4 显示了可以在 Mendix Studio 左上角看到的前 3 个选项。

现在来看看左侧的菜单选项，其从上到下依次解释如下。

❑　Mendix 徽标：单击即可回到开发人员门户。

❑　Page（页面）图标：在应用程序的所有可用页面上进行搜索和排序。

❑　Domain Models（域模型）：它将搜索域模型并允许在当前页面上查看和编辑它
们，如图 3.5 所示。

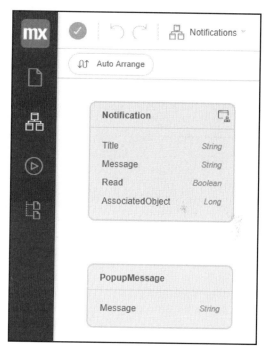

图 3.4　前 3 个菜单选项　　　　　图 3.5　Domain Models（域模型）页面

❑　Microflows（微流）图标：允许搜索项目中的任何微流。

❑　Navigation Document（导航文档）图标：它会带你进入导航页面，你可以在其
中向页面添加自定义导航，甚至运行自定义逻辑，如图 3.6 所示。

图 3.7 显示了 Mendix 中的更多菜单选项。

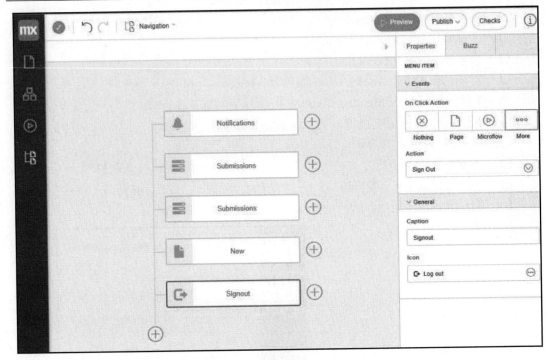

图 3.6　Navigation（导航）页面

图 3.7　Mendix 界面左下角的 3 个按钮

对 Mendix 界面左下角的 3 个按钮解释如下。

❑　Search（搜索）图标：允许你搜索特定的微流、页面，甚至是特定的属性和实体。

❑　Theme Customizer（主题定制器）：允许你定制应用程序的外观。你可以更改颜色，甚至上传现有主题，并在应用程序中实现它们。

❑　App Settings（应用程序设置）图标：在此处可以控制用户角色、页面访问以及微流访问（均通过用户角色访问）。你还可以选择查看、删除和更新预先安装的现有小部件，如图 3.8 所示。

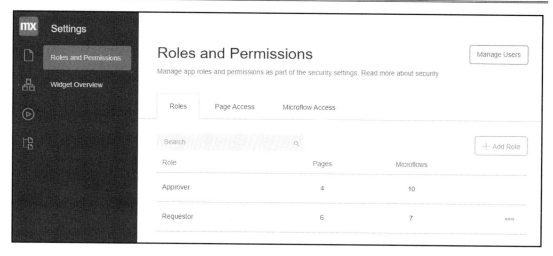

图 3.8　Settings（设置）页面

转到顶部菜单栏，这些导航选项很简单，主要针对实际导航，如图 3.9 所示。

图 3.9　顶部菜单栏

顶部菜单栏允许你检查 Studio 的互联网连接、撤销或重做最近的更改、查看最近的页面、预览或发布应用程序以及查看应用程序中的任何当前错误。

你还可以使用 Information（信息）图标查看信息。例如，了解当前正在使用的版本、查看说明文档、在遇到任何问题时向社区询问或求助，甚至可以查看由 Mendix Studio 提供的新内容等。

接下来看看右侧的菜单栏。

右侧菜单栏为正在处理的当前页面/微流提供了大量控件。这些工具包括 Toolbox（工具箱）、Properties（属性）和 Buzz。

- ❑ Toolbox（工具箱）：显示可用于当前编辑器的工具。
- ❑ Properties（属性）：显示与当前所选项目相关联的属性。
- ❑ Buzz：允许应用程序开发团队在页面、微流和域模型上发表评论，以便团队中的其他开发人员可以相互交流。

现在我们已经熟悉了 Mendix 用户界面的基本功能，接下来可以讨论一下开发人员选择使用 Mendix 的原因。

3.2　使用 Mendix Studio 的理由

现在你已经了解了 Mendix Studio 是什么、它的用户界面和功能。你可能会问，为什么要使用这个平台？

使用 Mendix Studio 的最大原因之一是，你需要演示某些功能，或想要对应用程序进行快速更改并将这些更改呈现给业务或用户。Mendix Studio 是制作和展示这些更改的不错选择，因为它对公民开发者（citizen developers）非常友好。公民开发者是指任何人都可以成为开发人员（见图 3.10）。

图 3.10　任何人都可以成为 Mendix Studio 的开发人员

Mendix 不仅适用于开发人员，还适用于业务分析师和产品所有者。Mendix 以允许公民开发者能够更改和开发应用程序而自豪。这可以通过 Mendix Studio 及其直观的用户界面轻松实现。

Mendix Studio 允许具有任何技术技能水平的任何人进行软件的更改并轻松与任何项目的开发人员合作。

简而言之，Mendix 是一个适用于任何知识背景者的高度可访问的平台。

3.3　小　　结

本章简要介绍了 Mendix Studio 的功能和用户界面。我们讨论了其启动方式和功能，浏览了其用户界面，并提供了有关每个按钮和选项功能的详细信息。

第 4 章将探索大多数 Mendix 开发人员使用的另一个平台 Studio Pro。我们将介绍该平台是什么、如何下载它，并研究其功能。

3.4　牛刀小试

测试你对本章讨论的概念的理解情况。答案将在第 4 章的"牛刀小试"后提供。

（1）什么是 Mendix Studio？

　　A．查找提示和技巧的 Mendix 页面

　　B．一个可下载的工具，可让你创建功能齐全的应用程序

　　C．一种浏览器工具，可让你创建功能齐全的应用程序

　　D．允许你创建主题的浏览器工具

（2）如何启动 Mendix Studio？

　　A．单击 Create App（创建应用程序）按钮

　　B．单击 Run（运行）按钮

　　C．单击 Edit App（编辑应用程序）按钮，然后再单击 Run（运行）按钮

　　D．单击 Edit App（编辑应用程序）按钮，然后再单击 Edit in Studio（在 Mendix Studio 中编辑）按钮

（3）判断正误：Studio 仅在浏览器中可用。

　　A．正确

　　B．错误

第 2 章牛刀小试答案

以下是第 2 章牛刀小试的答案。

（1）Mendix 的网址是什么？

　　A．Mendix.co

　　B．Mendix.com

　　C．Mendix.co.uk

　　D．Mendix.net

（2）是非题：目前，你可以使用任何电子邮箱注册 Mendix 账户。

　　A．是

　　B．否

（3）如果你遇到了 Mendix 开发问题或需要额外帮助，可以去哪里寻求帮助？

　　A．Buzz

　　B．Community

　　C．Forums

　　D．Docs

（4）是非题：你必须付费才能在 App Store 中下载应用程序。

　　A．是

　　B．否

（5）可以在哪里查看博客、求职招聘信息和排行榜？

　　A．Docs

　　B．Community

　　C．People

　　D．Home 主页

第 4 章　了解 Studio Pro

在第 3 章中你已经熟悉了 Mendix Studio，本章将介绍 Mendix Studio Pro。Studio Pro 是本书将使用的平台，也是 Mendix 开发人员目前使用最多的平台。

通读完本章之后，你将了解到 Mendix Studio Pro 是什么，清楚如何下载和启动该平台，并熟悉其用户界面和重要功能。

本章提供的技能和知识将成为后续学习的基础。

本章包含以下主题。

❑　什么是 Studio Pro？

❑　下载并启动 Studio Pro。

❑　用户界面详细分解。

4.1　关于 Studio Pro

什么是 Mendix Studio Pro？

Mendix Studio Pro 与 Mendix Studio 一样，是用于创建应用程序的强大工具。这种可视化、模型驱动的环境为开发人员提供了创建复杂而强大的应用程序所需的一切。

Mendix Studio Pro 将开发人员从加班熬夜写代码的繁重工作中解脱了出来，使得开发人员可以轻松创造更大的价值，同时为编写代码提供了更大的灵活性。

Mendix Studio Pro 还允许用户通过创建页面、添加逻辑和配置来为他们的应用程序建模。它还支持测试应用程序的逻辑，并部署到应用程序的环境中。

版本控制允许你管理各种开发线上的应用程序开发工作，并与 Mendix Studio 协作。接下来，让我们看看如何下载和启动 Studio Pro。

4.2　下载并启动 Studio Pro

在下载 Studio Pro 之前，了解系统要求至关重要。Mendix Studio Pro 仅支持 64 位 Windows 7、Windows 8 和 Windows 10。

除 Mendix Studio Pro 下载之外，以下框架会自动安装（如果有必要的话）。

❑ Microsoft .NET Framework 4.7.2。

❑ Microsoft Visual C++ 2010 SP1 Redistributable 包。

❑ Microsoft Visual C++ 2015 Redistributable 包。

❑ 采用 OpenJDK 11 或 Oracle JDK 11（如果你没有安装任何 JDK 11，则前者会从 Mendix 8.0 开始自动安装）。

要下载 Studio Pro，作为用户，你有多种选择。最简单的下载方法之一是编辑要处理的项目。其具体步骤如下。

登录 Mendix，单击你最近创建的应用程序，然后单击 Edit In Studio Pro（在 Studio Pro 中编辑）按钮。此时将出现一个弹出窗口，单击 Open Mendix.VersionSelector（打开 Mendix.VersionSelector）按钮以显示版本选项和下载页面，如图 4.1 所示。

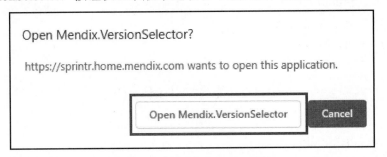

图 4.1　打开 Mendix 版本选择器

如果这是你第一次打开项目，则将看到一个允许选择下载 Mendix Studio Pro 的页面，如图 4.2 所示。

在此页面上，你可以看到 Mendix 平台的当前版本和旧版本。这也是你可以直接下载 Studio Pro 的另一种方法。除了下载功能，你还可以查看与发行版本相关的说明。版本说明提供了有关改进、修复以及添加到 Studio Pro 的内容的详细信息。

另一个下载 Studio Pro 的方法是在 App Store 中。在 App Store 中，单击 Get Studio Pro（获取 Studio Pro）按钮即可直接在得到的页面中下载。

单击 Download（下载）按钮后，系统将提示你完成典型的安装过程。在 Studio Pro 启动后，系统会要求你提供用户名和密码，这将允许你登录到你的环境，以及提交/检索任何当前更新。接下来，我们将详细介绍 Mendix Studio Pro 的用户界面。

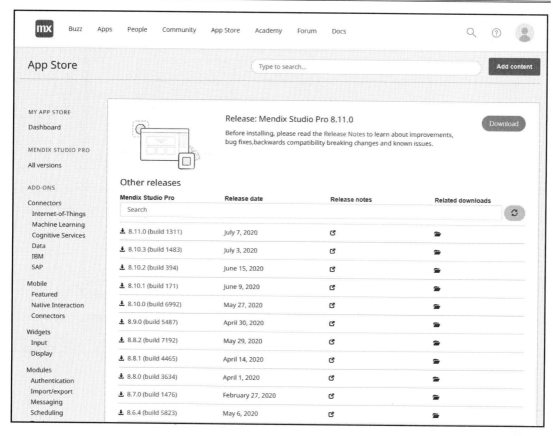

图 4.2　下载页面

4.3　用户界面详细分解

在安装了 Studio Pro 之后，让我们研究一下其用户界面，看看建模器（Modeler）提供的不同功能和选项。图 4.3 显示了整个 Studio Pro 界面。

在图 4.3 中可以看到，Studio Pro 界面可以划分为若干个部分，这些部分包括：菜单栏、运行和查看应用程序链接、指向开发人员门户和 App Store 的链接、项目结构、工作区、文档选项卡和可固定窗格。

在后面的章节中将会详细介绍这些界面和功能的使用，目前仅熟悉一下该平台即可。Studio Pro 顶部栏包含的项目如图 4.4 所示。

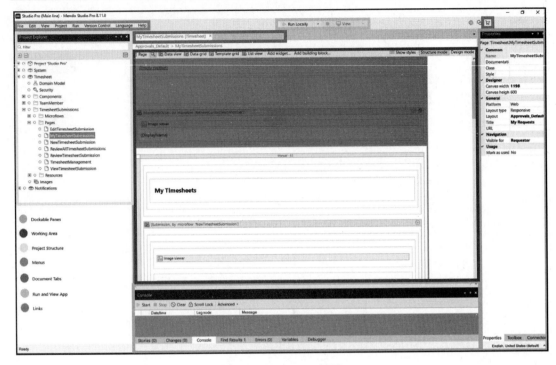

图 4.3　Studio Pro 界面

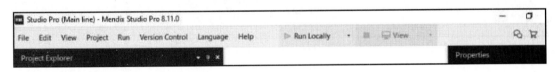

图 4.4　Studio Pro 顶部菜单栏

可以看到，Studio Pro 顶部包含以下项目。

❑　菜单。

❑　用于运行和查看应用程序的按钮。

❑　指向开发门户和 App Store 的链接。

在顶部菜单栏中，可以查看多个菜单，如 Edit（编辑）、View（查看）和 Version Control（版本控制）等。每个菜单都包含允许你执行不同操作的菜单项，如创建包、查看任何现有错误和设置首选项等。

可以通过两种不同的方式运行和查看应用程序。主要方法是单击 Run Locally（本地运行）按钮，这允许你以本地方式运行应用程序。另一个方法是利用 Run（运行）菜单项，这将在免费套餐云环境中运行应用程序，该环境可供所有人使用。要查看你的本地项目或云项目，可以单击 View（查看）按钮。

在顶部菜单栏中主要包括以下项目。

- ❑ File（文件）：允许管理文档和项目。
- ❑ Edit（编辑）：允许在 Studio Pro 中执行搜索或复制等编辑功能。
- ❑ View（查看）：允许选择 Studio Pro 和 Studio Pro 中可固定窗格的显示方式。
- ❑ Project（项目）：包含项目范围的设置。
- ❑ Run（运行）：包含用于部署和监控应用程序的操作。
- ❑ Version Control（版本控制）：包含版本控制设置。
- ❑ Language（语言）：包含语言和翻译设置。
- ❑ Help（帮助）：允许你查看文档、访问 Mendix 论坛、打开日志文件目录或查看有关 Studio Pro 的信息。

Working Area（工作区）：这是你正在工作的当前选项卡。该区域和设置因编辑器而异。这可能是页面、微流、域模型编辑器等。

Document Tab（文档选项卡）：这些选项卡只是简单的选项卡，也就是当前打开的文档。就像 Web 浏览器一样，你可以打开多个选项卡，也可以关闭任何不需要的选项卡。

Dockable Pane（可固定窗格）：这些窗格可以固定在当前工作区域周围，并包含不同的元素和设置。例如，你可以查看错误列表、配置特定文档或元素的属性、查看工具箱。

默认情况下，可固定窗格是查看建模器/逻辑中任何错误的地方。下文将详细介绍这些可固定窗格的使用。

- ❑ Properties（属性）：显示当前选定元素的属性。这是在建模器中进行大量编辑的地方，如图 4.5 所示。
- ❑ Toolbox（工具箱）：显示可以在当前编辑器中使用的工具。例如，在页面上，可以通过将所有类型的小部件（如文本框和数据视图）从工具箱拖动到表单中来插入它们。
- ❑ Connector（连接器）：显示哪些元素可以连接到当前选定的元素。例如，选择按钮后，连接器将显示微流，可以将这些微流拖放到按钮上以连接它们。

Project Structure（项目结构）：显示了当前项目的完整结构，包括模型内的所有文档。

接下来，让我们详细介绍一下 Project Explorer（项目资源管理器）选项卡。图 4.6 显示了 Project Explorer（项目资源管理器）选项卡的外观。

在 Project Explorer（项目资源管理器）选项卡中，可执行以下操作。

- ❑ Filter（过滤器）：在 Filter（过滤器）字段中输入模块、文件夹或文档的名称以过滤项目的文档，并在 Project Explorer（项目资源管理器）中突出显示输入的文本。按模块或文件夹名称过滤时，将显示匹配模块和/或文件夹的所有内容。

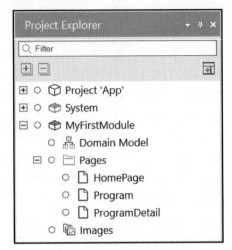

图 4.5　Properties（属性）窗格　　　图 4.6　Project Explorer（项目资源管理器）

❏　打开文档：双击文档将其打开。

❏　选择活动文档：单击 Project Explorer（项目资源管理器）右侧 Filter（过滤器）字段下方显示的图标。默认情况下，活动文档始终处于选中状态，因此你可以快速查看正在编辑的文档所在的位置。你可以选择 Edit（编辑）| Preferences（首选项）选项并在得到的对话框中更改此行为。

❏　展开所有文档：这会打开所有文件夹以查看所有页面、微流和其他项目。

❏　折叠所有文档：即关闭所有文件夹。

❏　执行特定于所选文件夹的操作：右击所选文件夹以查看可以执行哪些功能。功能列表取决于文件夹，例如，右击 MyFirstModule 选项时，可以添加页面、添加微流、重命名项目、导出模块包、复制/粘贴文档等。

最后是控制台日志，默认情况下位于底部，并作为许多可固定窗格之一包含在内。在本地运行应用程序时，控制台会显示运行时的输出。

4.4　小　　结

本章详细介绍了 Mendix Studio Pro。我们了解了如何启动 Studio Pro，以及从何处下载该平台。下载后，我们探索了 Studio Pro 的用户界面，并指出了一些重要的功能以及在哪里可以找到它们。

第 5 章我们将转向测试项目,详细讨论如何正确设置环境,并进一步介绍 Studio Pro,了解有关每项操作的详细信息。通过学习这些操作,你将掌握有关构建低代码应用程序的基础知识。

4.5　牛　刀　小　试

测试你对本章讨论的概念的理解情况。答案将在第 5 章的"牛刀小试"后提供。

（1）什么是 Studio Pro?

    A．更好的 Studio 版本

    B．强大的传统开发工具

    C．强大的模型驱动环境

（2）判断正误：你只能从 App Store 中下载 Studio Pro。

    A．正确

    B．错误

（3）如何在 Studio Pro 中运行应用程序?

    A．选择 File（文件）| Run（运行）选项

    B．设置本地环境详细信息,然后单击 Run Locally（本地运行）按钮

    C．单击 Run Locally（本地运行）按钮

（4）在 Studio Pro 中,可以在哪里查看错误?

    A．Properties（属性）

    B．工作区

    C．可固定窗格

第 3 章牛刀小试答案

以下是第 3 章牛刀小试的答案。

（1）什么是 Mendix Studio?

    A．查找提示和技巧的 Mendix 页面

    B．一个可下载的工具,可让你创建功能齐全的应用程序

    C．一种浏览器工具,可让你创建功能齐全的应用程序

    D．允许你创建主题的浏览器工具

（2）如何启动 Mendix Studio？

A．单击 Create App（创建应用程序）按钮

B．单击 Run（运行）按钮

C．单击 Edit App（编辑应用程序）按钮，然后再单击 Run（运行）按钮

D．单击 Edit App（编辑应用程序）按钮，然后再单击 Edit in Studio（在 Mendix Studio 中编辑）按钮

（3）判断正误：Studio 仅在浏览器中可用。

A．正确

B．错误

第 2 篇

构建第一个应用程序

本篇将帮助开发人员了解 Mendix 建模器（modeler）的基本原理并掌握 Mendix 应用程序创建的最佳实践。

本篇包括以下章节。

- ❏ 第 5 章，构建基础应用程序。
- ❏ 第 6 章，域模型基础知识。
- ❏ 第 7 章，页面设计基础知识。
- ❏ 第 8 章，微流。

第 5 章　构建基础应用程序

在本书第 1 篇中介绍了 Mendix 和一些相关工具，如 Studio 和 Studio Pro。现在可以认真研究一下如何在云和 Studio Pro 中创建应用程序。

本章将探索如何在 Developer Portal（开发人员门户）中管理应用程序，以及如何使用 App Store 和自定义内容在 Studio Pro 中构建和增强应用程序。

此外，本章还将讨论专业 Mendix 开发人员的项目设置、安全性和一些最常用的首选项。

本章包含以下主题。

❑　在 Developer Portal（开发人员门户）中管理应用程序。

❑　使用 Mendix Studio Pro 和 Mendix App Store。

❑　在 Mendix 应用程序中使用模块。

❑　查找项目设置、安全设置和首选项。

5.1　技　术　要　求

本书后续部分将使用 Mendix Studio Pro。请确保已了解该系统要求并已经安装它，以便你可以按照提供的示例和项目进行操作。

Mendix Studio Pro 仅支持 64 位 Windows 7、Windows 8 和 Windows 10。

同时在下载 Studio Pro 时，会自动安装以下框架（如果有必要的话）。

❑　Microsoft .NET Framework 4.7.2。

❑　Microsoft Visual C++ 2010 SP1 Redistributable 包。

❑　Microsoft Visual C++ 2015 Redistributable 包。

❑　采用 OpenJDK 11 或 Oracle JDK 11（如果你没有安装任何 JDK 11，则前者会从 Mendix 8.0 开始自动安装）。

本章示例项目可在以下网址的 Chapter05 文件夹中找到：

https://github.com/PacktPublishing/Building-Low-Code-Applications-with-Mendix

5.2　在开发人员门户中管理应用程序

在第 2 章"了解 Mendix 平台"中，我们介绍了 Developer Portal（开发人员门户）及其主要组件。本节将更详细地介绍在敏捷环境中创建项目，并讨论团队协作所涉及的组件。

Mendix 项目（也就是所谓的 App）位于开发人员门户的 Apps（应用程序）主菜单项下，如图 5.1 所示。

图 5.1　访问 Mendix 应用程序

可以看到，Apps（应用程序）中包含以下选项。

❑ **My Apps**（我的应用程序）：会将你带到已经创建的项目列表或你受邀参与的项目列表。这是在线门户的登录页面。

❑ **My Company's Apps**（我公司的应用程序）：会将你带到由你公司内的人员创建的项目列表。

❑ **Nodes**（节点）：会将你带到你受邀加入的 Mendix Cloud 中的许可节点列表。

❑ **Cluster Manager**（集群管理器）：这是管理在 Mendix 门户中注册的任何虚拟私有 Kubernetes 集群的地方。本书不讨论集群管理器。

每个应用程序都可以拥有自己的项目团队，其中配置了 Product Owner（产品经理）、Business Engineer（业务工程师）和 End User（最终用户）等角色。你可以邀请任何人加入项目，无论他们是否在你的组织中。

要使被邀请人可以访问你的应用程序，用户必须创建一个 Mendix 账户。如果还没有 Mendix 账户的话，则可以使用企业电子邮件地址在 www.mendix.com 上免费创建。

图 5.2 显示了 Mendix Cloud 中当前的一组默认角色。

ROLE	▲	PERMISSIONS
Application Operator		*Can view 'Overview, Capture, Develop, Feedback & Settings'* *Can view 'Deploy, Publish and Monitor'*
Business Engineer		*Can view 'Overview, Capture, Develop, Feedback & Settings'* *Can invite members* *Can edit 'Stories, Documents and Feedback'* *Can open app in Mendix Studio (Pro)* *Can view 'Deploy, Publish and Monitor'*
Guest		*Can view 'Overview, Capture, Develop, Feedback & Settings'*
Product Owner		*Can view 'Overview, Capture, Develop, Feedback & Settings'* *Can invite members* *Can edit 'Stories, Documents and Feedback'*
Scrum Master		*Can view 'Overview, Capture, Develop, Feedback & Settings'* *Can edit 'App settings'* *Can invite members* *Can edit 'Stories, Documents and Feedback'* *Can open app in Mendix Studio (Pro)* *Can view 'Deploy, Publish and Monitor'*

图 5.2　Mendix Cloud 门户默认用户角色

原　　文	译　　文
ROLE	角色
PERMISSIONS	权限
Application Operator	应用程序操作者
Can view 'Overview, Capture, Develop, Feedback & Settings'	可以查看 Overview（概述）、Capture（捕获）、Develop（开发）、Feedback & Settings（反馈和设置）部分
Can view 'Deploy, Publish and Monitor'	可以查看 Deploy（部署）、Publish（发布）和 Monitor（监控）部分
Business Engineer	业务工程师
Can view 'Overview, Capture, Develop, Feedback & Settings'	可以查看 Overview（概述）、Capture（捕获）、Develop（开发）、Feedback & Settings（反馈和设置）部分
Can edit 'Stories, Documents and Feedback'	可以编辑 Stories（故事）、Documents（文档）和 Feedback（反馈）部分
Can open app in Mendix Studio (Pro)	可以在 Mendix Studio 或 Studio Pro 中打开应用程序
Can view 'Deploy, Publish and Monitor'	可以查看 Deploy（部署）、Publish（发布）和 Monitor（监控）部分

原　文	译　文
Guest	客户
Can view 'Overview, Capture, Develop, Feedback & Settings'	可以查看 Overview（概述）、Capture（捕获）、Develop（开发）、Feedback & Settings（反馈和设置）部分
Product Owner	产品经理
Can view 'Overview, Capture, Develop, Feedback & Settings'	可以查看 Overview（概述）、Capture（捕获）、Develop（开发）、Feedback & Settings（反馈和设置）部分
Can invite members	可以邀请成员
Can edit 'Stories, Documents and Feedback'	可以编辑 Stories（故事）、Documents（文档）和 Feedback（反馈）部分
Scrum Master	项目负责人
Can view 'Overview, Capture, Develop, Feedback & Settings'	可以查看 Overview（概述）、Capture（捕获）、Develop（开发）、Feedback & Settings（反馈和设置）部分
Can edit 'App settings'	可以编辑 App settings（应用程序设置）部分
Can invite members	可以邀请成员
Can edit 'Stories, Documents and Feedback'	可以编辑 Stories（故事）、Documents（文档）和 Feedback（反馈）部分
Can open app in Mendix Studio (Pro)	可以在 Mendix Studio 或 Studio Pro 中打开应用程序
Can view 'Deploy, Publish and Monitor'	可以查看 Deploy（部署）、Publish（发布）和 Monitor（监控）部分

🛈 **注意：**

要在 Mendix Studio 或 Studio Pro 中打开应用程序，必须具有 Business Engineer（业务工程师）或 Scrum Master（项目负责人）权限。默认情况下，应用程序的创建者将被分配 Scrum Master（项目负责人）角色。默认的 Business Engineer（业务工程师）和 Scrum Master（项目负责人）角色之间的主要区别在于后者能够编辑应用程序设置。

对于你邀请到的项目开发人员，可赋予他们 Business Engineer（业务工程师）的角色，除非你完全信任他们，允许他们操作应用程序设置。

现在你已经了解了有关 Mendix 应用程序的一些基础知识，接下来可以创建一个新项目并编写一些用户故事来开始你的第一个开发冲刺。

5.2.1　创建新应用程序

有若干种不同的方法可以创建新的 Mendix 应用程序。你可以在 Studio Pro 中以本地方式创建一个。Mendix 提供了团队服务器，它充当模型的存储库。虽然并不强制要求将你的应用同步到 Mendix 团队服务器，但建议你使用云门户和团队服务器，以确保你的应用具有适当的版本控制和可靠的云存储。

Mendix 还引入了对 GitHub 的支持。当然，本书将重点介绍使用 Mendix Cloud 为你的应用程序模型创建应用程序和管理存储库。

出于教学目的，本书虚构了一个名为 Lackluster Video 的项目，这是一个虚拟的视频租赁商店。在阅读本书的其余章节时，你将创建一个应用程序来跟踪该项目虚构业务的库存、客户和租金。

开始创建新应用程序时，请按以下步骤操作。

（1）访问以下网址登录 Mendix Developer Portal（开发人员门户）。

https://sprintr.home.mendix.com

（2）单击右上角的 Create App（创建应用程序）按钮。

ⓘ 注意：

Starting your App（开始你的应用程序）：可以选择以下方式新建你的应用程序。

① 使用空白应用程序。

② 上传电子表格以基于现有数据创建应用程序。

③ 基于 Mendix 提供的应用程序模板创建应用程序。

④ 使用组织内共享的自定义应用程序模板创建应用程序。

（3）将光标悬停在 Blank App（空白应用程序）图标上，然后单击 Select Template（选择模板）按钮，如图 5.3 所示。

图 5.3　新应用模板选择

（4）在新打开的页面上，你将看到所选应用程序模板的摘要信息及其版本、相应的 Mendix 版本以及应用程序模板上的任何标签。在此页面上，还可以找到显示屏幕布局可能性的图库（使用模板中的元素）。所有基本应用程序都附带 Mendix 的 Atlas UI 资源，如图 5.4 所示。

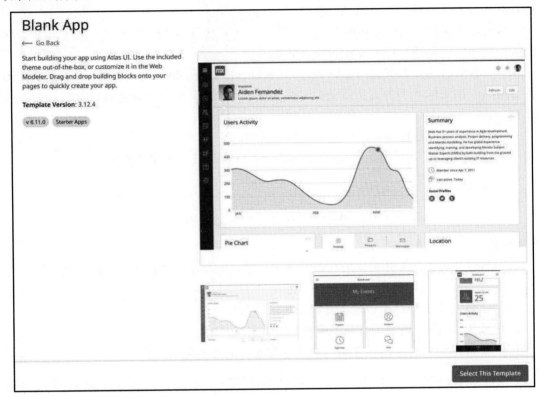

图 5.4　空白应用程序模板详细信息

（5）在此页面中，可以单击 Select This Template（选择此模板）按钮以继续下一步，或者单击 Go Back（返回）按钮以选择另一个选项。此示例中单击 Select This Template（选择此模板）按钮。

（6）在弹出窗口中，可以自定义你的应用程序，包括为你的应用程序命名并选择图标和颜色。此示例中将应用程序命名为 Lackluster Video 并拾取你选择的颜色和图标。命名和自定义完成后，单击 Create App（创建应用程序）按钮，如图 5.5 所示。

🛈 注意：

　　在云中配置应用程序需要几分钟时间。此过程完成后，将进入应用程序团队空间。你始终可以通过转到主菜单中的 Apps（应用程序）并选择 My Apps（我的应用程序）选项来找到自己的应用程序。

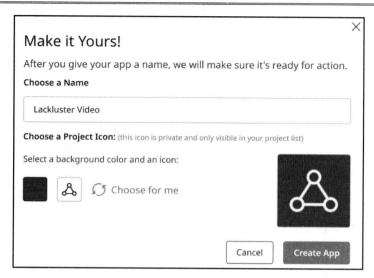

图 5.5　自定义应用程序对话框

在配置新应用程序后，你将进入云中的应用程序空间。你的 My Apps（我的应用程序）页面也将使用新应用程序的磁贴（tile）进行更新。单击该磁贴即可访问云中的应用程序团队空间，如图 5.6 所示。

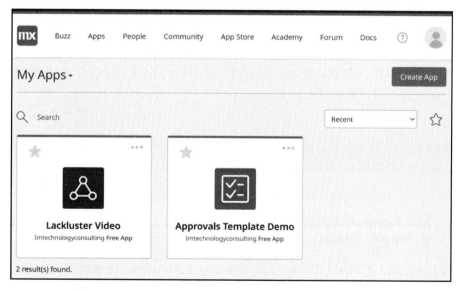

图 5.6　Mendix Cloud 中的 My Apps（我的应用程序）页面

左侧菜单显示了在 Mendix Cloud 中管理应用程序的所有可用选项。在此菜单中，可以访问 Mendix 应用程序的协作、开发、部署和操作功能以及应用程序设置。

接下来，我们将介绍一些重要的菜单项，你只有熟悉这些菜单项后才能采用正确的软件开发方法来构建应用程序。

5.2.2　敏捷开发方法

在敏捷开发环境中，应用程序功能通常根据用户故事（user story）进行描述。所谓"用户故事"，就是开发人员从用户的角度去描述软件需求。

项目冲刺计划会议（sprint planning meeting）也称为迭代计划会议，它在某种类型的 SCRUM 板上完成，如看板（Kanban board）。在看板上通常会摆放各种用户故事卡片（user story card）和故事分解后的任务卡片（task card）。

Mendix 提供了在敏捷开发环境中使用 SCRUM 工具管理应用程序开发生命周期的工具。要进入故事板，可以在团队空间 COLLABORATE（协作）菜单中选择 Stories（故事）选项，如图 5.7 所示。

图 5.7　COLLABORATE
（协作）菜单

在这里，可以创建故事并开始构建冲刺积压任务（sprint backlog）。所谓"冲刺积压任务"，就是指迭代计划中待完成的用户故事列表。产品经理将所有的用户故事按优先级排好，并放到一个列表内，这个列表表示产品积压任务（product backlog）。

现在让我们创建一个用户故事作为示例。在本章的后面，我们将提交一项更改，并将更改内容与这个用户故事联系起来。

🔆 提示：

虽然本书不需要为其余工作创建用户故事或冲刺积压任务，但在更大的企业环境中工作时，建议使用冲刺积压任务和产品积压任务。

要在 Stories（故事）空间中创建新的用户故事，请执行以下操作。

（1）单击 New Story（新故事）按钮。

（2）输入以下用户故事：

As a Developer, I would like to have access to the Mendix common functions library so that I can easily use standard functions in my app.

上述用户故事的含义为：作为开发人员，我希望能够访问 Mendix 通用函数库，以便我可以轻松地在应用程序中使用标准函数。

（3）其余选项保持默认。单击 Save（保存）按钮。

（4）现在 Lackluster Video 应用程序的 Stories（故事）视图应该显示一个名为 Get started 的空白 Sprint 和一个包含你创建的用户故事的 Backlog，如图 5.8 所示。

图 5.8　Backlog 中的用户故事视图

（5）单击并将该故事从 Backlog（积压任务）拖到 Active sprint（活动冲刺）中。操作完成后，该视图应如图 5.9 所示。

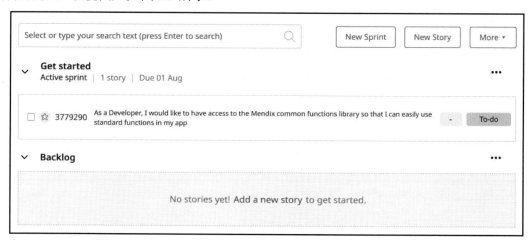

图 5.9　Active sprint 中的用户故事视图

Planning（计划）部分提供了软件开发生命周期（software development life cycle，

SDLC）计划的看板（Kanban board）、燃尽图（Burndown Chart）和发布计划（Release Plan）。燃尽图主要用于迭代进度的管控。

现在我们可以单击故事卡上的右箭头进入 Running（正在进行）部分，如图 5.10 所示。

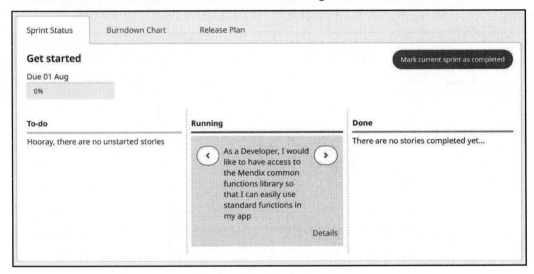

图 5.10　Mendix Cloud 中的基本 Scrum 板

有关 SCRUM 和敏捷开发流程或软件开发生命周期（SDLC）的更多信息，请参阅有关该主题的其他书籍，或查看 Packt 出版的 *Agile Scrum Course: Scrum Fundamentals*（《敏捷 Scrum 课程：Scrum 基础》），其网址如下：

https://subscription.packtpub.com/video/application-development/9781838644987

接下来，可以为我们的 Mendix 应用程序邀请其他协作者。

5.2.3　邀请协作者

在创建了第一个 Mendix Cloud 应用程序之后，即可邀请协作者加入我们在云中的项目。你也许打算自己包办一切，无意邀请他人，没关系，这的确不是必须执行的操作，但是了解一下这项功能是很有必要的。

要邀请某人在你的 Mendix Cloud 应用程序上进行协作，可执行以下操作。

（1）登录开发人员门户。

（2）选择 Apps（应用程序）|My Apps（我的应用程序）选项以查看应用程序列表。

（3）从列表中单击所需的应用程序以查看其团队空间。

（4）在应用程序的团队空间中，从 COLLABORATE（协作）下的团队空间菜单中选择 Team（团队）选项，如图 5.11 所示。

（5）在打开的 App Team（应用程序团队）页面中，单击 Invite Member（邀请成员）按钮。

```
COLLABORATE
Buzz
Team
Stories
Feedback
Documents
```

图 5.11　COLLABORATE
（协作）菜单

（6）输入你要邀请的任何人的电子邮件地址，然后单击 Add to invitee list（添加到被邀请者列表）按钮。

（7）为每个用户选择所需的角色，然后单击 Next（下一步）按钮。

（8）在电子邮件邀请中添加个人消息，然后单击 Next（下一步）按钮。

（9）查看邀请并单击 Send Invitations（发送邀请）按钮进行确认。

被邀请的用户将在下次登录 Developer Portal（开发人员门户）时收到电子邮件以及弹出式邀请。用户必须接受邀请才能加入项目并被分配任何特定的节点权限。

接下来，让我们先暂停一下有关 Cloud Portal（云门户）方面的介绍，转而深入了解 Mendix Studio Pro 以开始构建我们的应用程序。

5.3　使用 Mendix Studio Pro 和 Mendix App Store

由于要使用 Mendix Studio Pro，因此我们将首先登录 Mendix Studio Pro 并从该程序打开新创建的应用程序。

💡提示：

也可以在 Mendix Developer Portal（开发人员门户）中打开一个项目以在 Mendix Studio Pro 中进行编辑，方法是单击应用程序团队空间中的 Edit in Studio Pro（在 Studio Pro 中编辑）按钮。

5.3.1　在 Mendix Studio Pro 中打开应用程序

要在 Mendix Studio Pro 中打开你的应用程序，请按以下步骤操作。

（1）在计算机上启动 Mendix Studio Pro。

💡提示：

如果你的计算机上未安装 Mendix Studio Pro，请参考第 4 章"了解 Studio Pro"以获取有关安装它的说明。

（2）使用你的 Mendix 账户或可用的单一登录账户登录 Mendix Studio Pro，如图 5.12
所示。

图 5.12　Studio Pro 中 Developer Portal（开发人员门户）的登录页面

登录后，你将进入 My Apps（我的应用程序）页面。在这里可以创建新应用程序或
打开现有应用程序。此页面包含指向 Mendix 文档以及 App Store（应用程序商店）和
Developer Portal（开发人员门户）中位置的快速链接。My Apps（我的应用程序）页面中
还有一个最近项目的列表，以便于访问。

（3）在 My Apps（我的应用程序）页面中，单击 Open App（打开应用程序）按钮。

（4）此时将出现一个带有单选按钮的弹出窗口，可在本地或团队服务器应用程序之
间进行选择。这里选中 Mendix Team Server（Mendix 团队服务器）单选按钮，如图 5.13
所示。

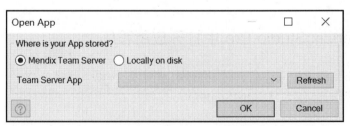

图 5.13　告诉 Studio Pro 在哪里可以找到我的 Mendix 应用程序

（5）在 Team Server App（团队服务器应用程序）下拉列表框中选择之前创建的

Lackluster Video 示例项目，如图 5.14 所示。

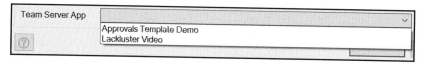

图 5.14　选择要打开的应用程序

ℹ️ 注意：

如果在该列表中没有看到你需要的应用程序，请在右上角检查你的 Mendix 用户名，确保你已登录到团队服务器，并在登录后单击 Refresh（刷新）按钮以更新应用程序列表。

（6）从下拉列表中选择项目后，即可选择要工作的开发线（或分支线），并告诉 Studio Pro 将项目文件存储在本地计算机上的位置。

本示例将坚持 Main Line（主线）开发。你可以选择自己的位置以在本地存储项目，但不要重命名项目文件夹。自动命名约定将帮助你更好地跟踪机器上同一项目的多个开发线，并且还允许你与团队成员就每个人在哪个开发线工作保持一致，如图 5.15 所示。

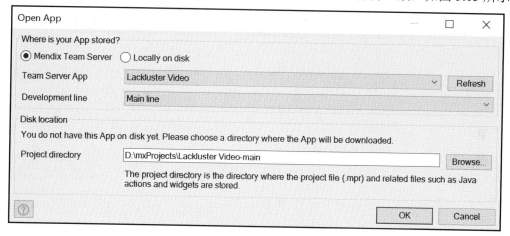

图 5.15　选择本地项目目录

（7）设置好 Team Server App（团队服务器应用程序）、Development line（开发线）和 Project directory（项目目录）选项后，单击 OK（确定）按钮。

项目文件将从团队服务器下载到本地目录，Studio Pro 将启动应用程序进行编辑。

现在你已经在 Studio Pro 中打开了应用程序，接下来可以直接将 App Store 内容添加到你的项目中，或者为自定义页面和逻辑添加自己的模块。

5.3.2　从 Mendix App Store 安装模块

在第 2 章 "了解 Mendix 平台" 中，我们已经介绍了 Mendix App Store（应用程序商店）。本节将学习如何在 Studio Pro 中将 App Store 项目导入你的应用程序。

在你的应用程序中安装任何 App Store 内容的正确方法是从 Studio Pro 中连接到 Mendix App Store。

要连接到 App Store 并下载模块，请按以下步骤操作。

（1）单击 Studio Pro 窗口右上角用户名旁边的购物车图标，如图 5.16 所示。

图 5.16　购物车图标

（2）此时会在主窗口中看到 App Store（应用程序商店），如图 5.17 所示。

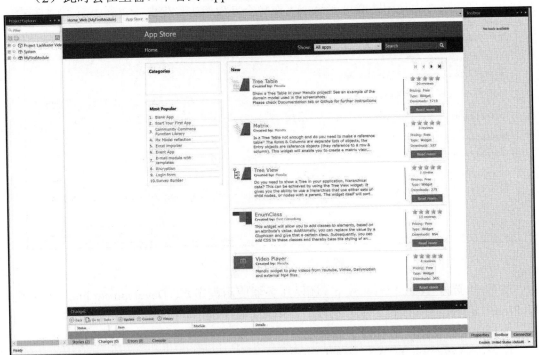

图 5.17　Mendix 应用程序商店

（3）在右上角的搜索框中输入 Community commons 以搜索社区公共资源。

（4）选择 Community Commons Function Library（社区公共函数库）选项，如图 5.18 所示。

图 5.18　Mendix App Store 中的 Community Commons Function Library（社区公共函数库）

（5）单击 Download（下载）按钮。

（6）出现提示时，选中 Add as a new module（添加为新模块）单选按钮，然后单击 Import（导入）按钮，如图 5.19 所示。

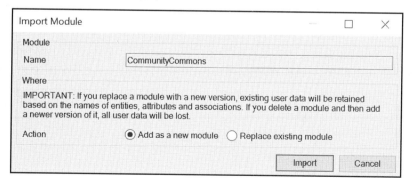

图 5.19　出现提示时选择导入

（7）新模块将在 Project（项目）| App Store modules（应用程序商店模块）下可用，

如图 5.20 所示。

图 5.20　找到新模块

从 App Store 安装新模块后，最好确保应用程序可以使用新内容运行。在本地运行应用程序实际上会将来自所有各种模块和小部件的代码编译到 Mendix 运行时的本地实例中。当你运行应用程序时，你可能会遇到任何编译错误，因此，在向服务器提交更改之前，你需要修复它们。

🛈 注意：

最好不要向服务器提交任何错误，这样也就不会有其他开发人员尝试为同一问题提交相互冲突的修复程序。

现在我们将运行应用程序以确保没有错误，然后将所有更改提交到团队服务器。请按以下步骤操作。

（1）单击 Mendix Studio Pro 顶部栏中的 Run Locally（本地运行）按钮。

应用程序成功运行后，即可在控制台日志中看到此确认消息，如图 5.21 所示。

	Date/time	Log node	Message
	2020-07-19 21:20:16.952	Core	Certificates read.
	2020-07-19 21:20:16.952	Core	Initializing license...
⚠	2020-07-19 21:20:17.262	Core	The runtime has been started using a trial license, the framework will be terminated when the maximum time is exceeded!
	2020-07-19 21:20:17.262	Core	Initialized license.
	2020-07-19 21:20:19.225	Core	Mendix Runtime successfully started, the application is now available.

图 5.21　确认应用程序运行成功

（2）单击 Changes（更改）选项卡，然后单击 Commit（提交）按钮，如图 5.22 所示。

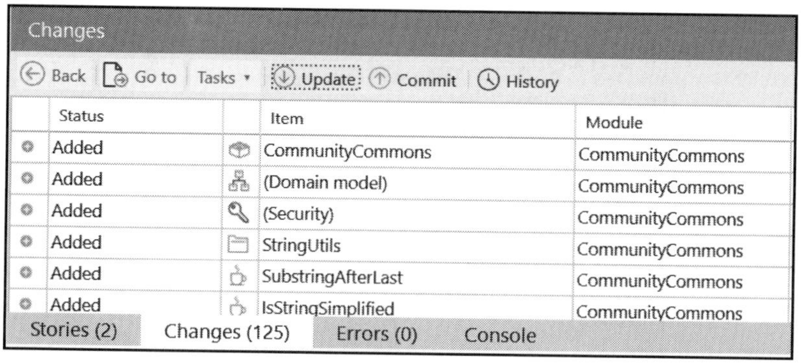

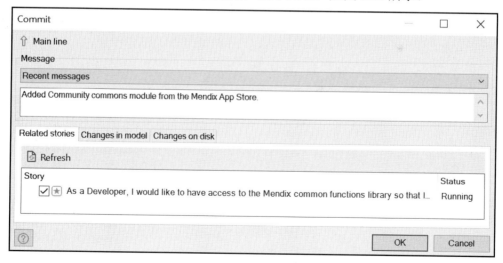

图 5.22　在 Changes（更改）选项卡中单击 Commit（提交）按钮

（3）系统将提示你输入 Commit（提交）消息。请注意，提交消息很重要，因为它们可以让其他开发人员和产品经理知道这次提交发生了哪些变化。

在编写提交消息时应尽可能说明完整。要将提交连接到 Developer Portal（开发人员门户）中的用户故事，可选中 Commit（提交）窗口中用户故事旁边的复选框。如果需要，还可以单击 Refresh（刷新）按钮以更新用户故事列表，如图 5.23 所示。

图 5.23　添加提交消息

（4）单击 OK（确定）按钮即可提交更改，如图 5.24 所示。

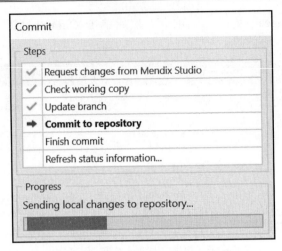

图 5.24　正在将本地更改发送到存储库

（5）提交更改后，Changes（更改）选项卡将显示未保存的更改为 0。

（6）转到 Web 上 Developer Portal（开发人员门户）的 Planning（计划）部分，将你的用户故事移至 Done（已完成），如图 5.25 所示。

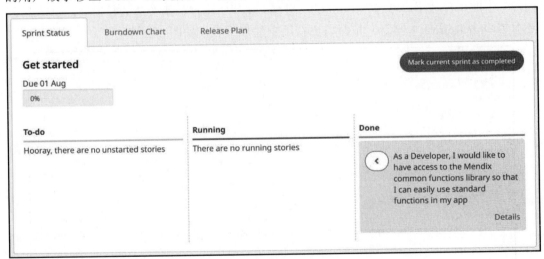

图 5.25　将用户故事移动到 Done（已完成）

现在我们已经在 Developer Portal（开发人员门户）中创建了第一个用户故事，并使用 Mendix Studio Pro 在 Mendix 应用程序中安装了一些新的 App Store 内容。接下来，我们将演示如何为自定义内容创建模块。

5.4　在 Mendix 应用程序中使用模块

显然，应用程序中需要的功能或特性并不都可以在 Mendix App Store 中找到，而且预先构建的应用程序模板也不太可能满足项目的全部要求。在这种情况下，就需要在 Mendix 应用程序中构建一些自定义功能。

鉴于此，必须创建自己的模块并向其中添加元素。本节将学习如何创建模块并简要介绍可以在模块中创建的元素类型。你还将看到如何在模块中组织元素。

5.4.1　创建模块

要创建自定义模块，请按以下步骤操作。

（1）右击 Project Explorer（项目资源管理器）窗格中的任意位置，然后选择 Add module（添加模块）选项，如图 5.26 所示。

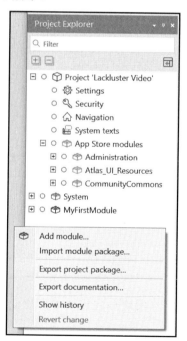

图 5.26　右击 Project Explorer（项目资源管理器）

（2）在出现的弹出窗口中，将新模块命名为 VideoRentals，如图 5.27 所示。

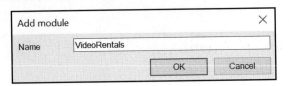

图 5.27　命名新模块

💡提示：

　　模块名称应以字母开头，并且只能包含字母、数字和下画线。

　　（3）当新模块创建成功后，默认情况下它会有一个元素：域模型（domain model）。第 6 章将详细介绍域模型。

　　要在模块内创建元素，可右击模块显示上下文菜单，然后选择要创建的元素类型。你还可以通过上下文菜单删除或重命名模块，如图 5.28 所示。

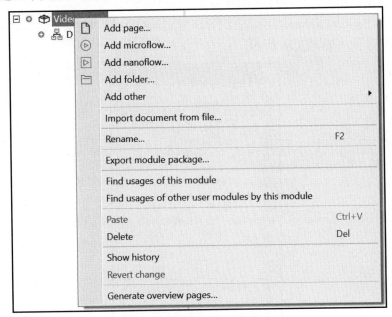

图 5.28　模块上下文菜单

　　接下来，让我们看看如何删除模块和向模块中添加元素。

5.4.2　删除模块

　　如果你不再需要某个模块或尝试了 App Store 中的某些模块但最终不想保留，则可以从你的应用程序中删除模块。

要删除模块，可右击该模块以显示上下文菜单，然后选择 Delete（删除）选项。请注意，该操作无法撤销，因此在执行之前请确认确实要删除模块。

5.4.3　向模块中添加元素

要将微流（microflow）、页面和纳米流（nanoflow）等元素添加到你的模块，可右击模块以显示上下文菜单，然后选择要创建的项目。要显示更长的可用项目列表，可选择 Add other（添加其他）选项。

当你开始在自定义模块中创建更多元素时，可以使用文件夹来组织元素，这样可使项目更易于在 Studio Pro 中导航。

现在我们已经了解了如何添加 App Store 内容以及如何在应用程序中创建自定义模块，接下来，让我们看看项目设置和一些常见首选项。

5.5　查找项目设置、安全设置和首选项

构建应用程序时还需要考虑其他方面，如设置项目安全性、管理设置以及定义 Studio Pro 的首选项。本节将讨论 Studio Pro 中专业 Mendix 开发人员使用的一些常见配置。

5.5.1　管理项目安全

项目安全与应用程序安全以及你希望在应用程序中实施的安全级别有关。Mendix 为应用程序安全提供了 3 个选项。按照 Mendix 的定义，列表如下。

❑　Off（关闭）——不应用任何安全措施；用户无须登录即可访问所有内容。

❑　Prototype/Demo（原型/演示）——将安全性应用于登录、表单和微流。配置管理员和匿名访问，并为表单和微流定义用户角色和安全性。

❑　Production（生产）——应用完全安全性。配置管理员和匿名访问，并为表单、微流、实体和报告定义用户角色和安全性。

要访问项目安全性，请在 Project Explorer（项目资源管理器）的 Project 'Lackluster Video'导航树项中选择 Security（安全性）选项，如图 5.29 所示。

在 Prototype（原型）和 Production（生产）模式下，可以为免费云应用程序或本地环境中的演示用户以及匿名用户访问设置策略。你还可以设置其他安全设置，如密码复杂

性要求。对于本书示例项目来说，可以暂时关闭项目安全性。

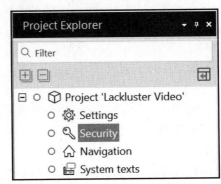

图 5.29　Mendix Project Explorer（项目资源管理器）中项目的安全性设置

提示：

在 Mendix Cloud 中为你的组织或企业运行完全许可的应用程序时，需要完全的 Production（生产）安全模式，以保护客户的数据和隐私。免费套餐应用程序允许选择在 Off（关闭）和 Demo（演示）模式下运行。

在创建简单的概念证明或试验非敏感数据集时，请在实施应用程序安全性时做出最佳判断。大多数大型组织都会为其生态系统中的应用程序制定标准的安全策略。

5.5.2　维护项目设置

要进入项目设置，可选择 Project Explorer（项目资源管理器）的 Project 'Lackluster Video' 导航项中的 Settings（设置）选项。在这里可以管理项目的高级设置，如外部数据库、语言支持选项、自定义运行期设置等。

为简单起见，我们在大多数情况下使用默认设置，并突出显示需要为虚构的视频租赁商店调整的任何特定设置。

5.5.3　配置项目首选项

项目首选项可以在 Edit（编辑）菜单的 Preference（首选项）下找到。在这里可以启用或禁用 Mendix Assist，这是 AI 辅助的开发过程。你还可以指定其他设置，如 Java 开发工具包（Java development kit，JDK）目录。在本书示例中，除非另有说明，否则大多数选项将保留为默认值。

5.6　小　　结

本章学习了如何从 Developer Portal（开发人员门户）创建项目并在 Mendix Studio Pro 中打开项目以访问 Mendix 平台的全部功能。

我们演示了如何使用 App Store 将常用功能添加到应用程序中，以便可以轻松地向应用程序的用户提供现成的功能。

对于 App Store 中未提供的功能，我们可以创建自己的模块，以便在 Mendix 应用程序中创建自定义功能。

此外，我们还学习了如何在 Mendix Studio Pro 中查找项目安全性、设置和首选项，以便完全控制开发环境。

第 6 章将通过在 Mendix Studio Pro 中使用域模型、页面和微流来进一步扩展自定义模块，这将使你能够控制应用程序的数据、业务逻辑和表示层。

5.7　牛 刀 小 试

测试你对本章讨论的概念的理解情况。答案将在第 6 章的"牛刀小试"后提供。

（1）在 Cloud Portal（云门户）的哪个位置可以查看你有权访问的许可节点？

    A．Environments

    B．My Apps

    C．Nodes

    D．Cluster Manager

（2）以下哪一项最能描述 Mendix Cloud Portal（云门户）的 Planning（计划）部分？

    A．提供看板、燃尽图和发布计划

    B．允许你邀请其他人在你的应用程序上进行协作

    C．应用程序协作者留下注释的地方

    D．购买第三方模块的地方

（3）为了编辑 Mendix 应用程序，需要在本地下载并安装哪个 Mendix 产品？

    A．Mendix Studio

    B．Mendix Web Modeler

    C．Mendix Studio Pro

    D．Mendix Code Editor

（4）在 Mendix Studio Pro 的哪个位置可以看到应用程序中有未提交的工作？

    A．Variables

    B．Properties

    C．Changes

    D．Project Explorer

（5）是非题：提交 Mendix 应用程序中的错误是一个好习惯。

    A．是

    B．否

（6）在哪里可以将第三方模块下载到你的 Mendix 应用程序中？

    A．Mendix App Store

    B．Mendix Module Store

    C．Mendix Developer Pro Shop

    D．Mendix Community

（7）是非题：模块名称应以字母开头，且只能包含字母、数字和下画线。

    A．是

    B．否

（8）以下哪个安全级别将对 Mendix 应用程序应用完全安全性？

    A．Prototype

    B．Production

    C．Demo

    D．Secure Mode

第 4 章牛刀小试答案

以下是第 4 章牛刀小试的答案。

（1）什么是 Studio Pro？

    A．更好的 Studio 版本

    B．强大的传统开发工具

    C．强大的模型驱动环境

（2）判断正误：你只能从 App Store 中下载 Studio Pro。

    A．正确

$\boxed{\text{B．错误}}$

（3）如何在 Studio Pro 中运行应用程序？

A．选择 File（文件）| Run（运行）选项

B．设置本地环境详细信息，然后单击 Run Locally（本地运行）按钮

$\boxed{\text{C．单击 Run Locally（本地运行）按钮}}$

（4）在 Studio Pro 中，可以在哪里查看错误？

A．Properties（属性）

B．工作区

$\boxed{\text{C．可固定窗格}}$

第 6 章　域模型基础知识

欢迎来到域模型的世界！Mendix 应用程序的域模型（domain model）表示应用程序的数据层。在构建应用程序时，有必要以某种结构存储此应用程序的数据。Mendix Studio Pro（和 Studio）提供了设计应用程序的数据结构和向最终用户显示应用程序中数据所需的所有工具。这里所说的数据可以是诸如客户或订单信息之类的内容，也可以是我们虚构的视频商店中可供出租的视频清单。

模块的域模型元素是可视化设计其数据架构的地方。模块可以在 Mendix 应用程序中相互共享数据。域模型由实体（entity）组成，实体等同于关系数据库中的表，也称为对象（object）。如果实体不在数据库中持久保存，则这些实体也可以称为瞬态对象（transient object）。

域模型或使用的数据结构还包含特性（attribute），这些特性是具有不同数据类型的列，用于保存表中的数据，也可以是动态计算的虚拟特性。

使用的数据结构还包含关联（association），这些关联显示了数据对象如何相互关联。

本章将介绍域模型中的不同实体类型。此外，我们还将探索 Mendix 域模型中的特性、数据类型和关联。通读完本章之后，相信你能够设计出一个包含实体、特性甚至关联的基本 Mendix 域模型。

本章包含以下主题。

❏　了解 Mendix 域模型中的不同实体类型。

❏　使用特性并了解数据类型。

❏　在实体之间创建关联以关联对象。

❏　为 Mendix 应用程序设计数据库。

6.1　技　术　要　求

本章示例项目可在以下网址的 Chapter06 文件夹中找到：

https://github.com/PacktPublishing/Building-Low-Code-Applications-with-Mendix

6.2　Mendix 域模型中的不同实体类型

本节将介绍 Mendix 域模型中的不同实体类型，并详细解释诸如持久化和非持久化对象等术语。你将在应用程序的域模型中创建实体并调整通用实体特性。应用程序的数据架构对于确保创建正确类型的数据对象以有意义的方式存储信息很重要。

6.2.1　对实体的理解

如前文所述，实体也称为对象，它们代表来自应用程序中真实世界的对象，如客户或会员、视频和租赁等。

如果你是对结构化查询语言（structured query language，SQL）非常熟悉的开发人员，则可以将这些实体视为包含记录的表，当你在应用程序中使用记录时，可以将它们用作代码中的对象。

如果你是对 Excel 数据报表非常熟悉的业务人员，则可以将数据对象理解为 Excel 工作表中的列或特性，这些列或特性可用单元格中的数据片段描述数据对象。一行数据就是表或类中的单个对象。下文将更为详细地讨论特性。

总之，就目前来说，你可以将实体理解为来自真实世界的对象的类或表。一行数据就是一个单一的对象，它可以有许多描述它的特性或数据片段。

接下来，我们将通过练习进一步了解实体及其特性。

6.2.2　创建实体并设置实体特性

实体由 Name（名称）、Attributes（特性）、Access Rules（访问规则）等属性描述。本小节将创建一个实体，然后设置一些常规特性。在本章的后面，我们还将为实体添加其他特性和属性。

要创建新实体，请执行以下步骤。

（1）打开 Mendix Studio Pro。

（2）如果需要，请登录你的 Mendix 云账户。

（3）打开在第 5 章 "构建基础应用程序" 中创建的 Lackluster Video 项目。

（4）展开 VideoRentals 模块，如图 6.1 所示。

（5）双击 Domain Model（域模型），如图 6.2 所示。

（6）单击 Domain Model（域模型）工具栏中的 Entity（实体）按钮，如图 6.3 所示。

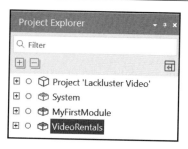

图 6.1 在 Project Explorer（项目资源管理器）中选择 VideoRentals 模块

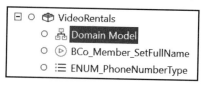

图 6.2 在 Project Explorer（项目资源管理器）中双击 VideoRentals 模块的域模型

图 6.3 Mendix Studio Pro 中的域模型工具栏

（7）按住鼠标左键同时移动鼠标，将实体拖放到画布上的任意位置以创建一个新实体。

（8）双击新实体打开 Properties（属性）窗口，如图 6.4 所示。

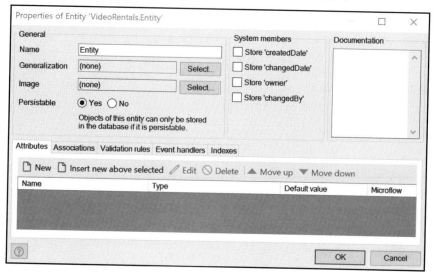

图 6.4 Mendix Studio Pro 中的实体属性窗口

该实体有许多属性,可以从该 Properties(属性)窗口或 Studio Pro 的 Properties(属性)面板进行操作。有关这些属性的详细说明,可访问:

https://docs.mendix.com/refguide8/entities#properties

(9)输入实体属性,如图 6.5 所示。

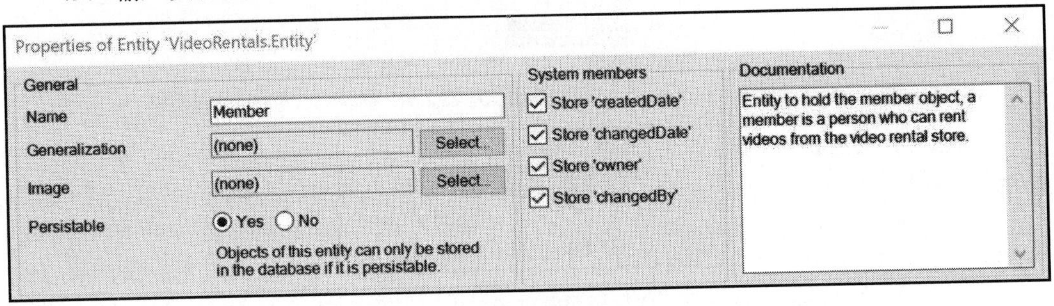

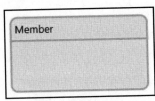

图 6.5　完成的 Member 实体

(10)单击 OK(确定)按钮以保存新实体。

本章后面还将添加其他特性(attributes)。但是目前阶段可以单击 OK(确定)按钮以保存你的新实体。请注意,该实体显示为蓝色,因为它是一个持久化实体。

❑　持久化实体(persistable entity):其将存储在应用程序数据库中,供应用程序后续检索。

❑　非持久化实体(non-persistable entity):其不会存储在数据库中。目前我们不会使用非持久化实体,但请记住,它们不会存储在数据库中,而是在内存中创建。

当用户会话结束时,内存中的非持久化实体对象将被垃圾收集(garbage collect),并且无法存储,这意味着当客户退出你的应用程序后,它们是无法检索的。非持久化实体用于临时保存信息以在微流之间传递或显示在页面上。这些实体在域模型中显示为橙色。图 6.6 显示了域模型中持久化实体的外观。

图 6.6　域模型中的持久化 Member 实体

现在你已经创建了新的实体,接下来可以给它填充更多的特性以描述它。6.3 节将向 Member 实体添加一些特性,并了解可用于在 Mendix 域模型中创建特性的不同数据类型。

6.3　使用特性并了解数据类型

本节将介绍特性和数据类型。我们将向在 6.2 节中创建的 Member 实体添加一些特性。我们要做的是为应用程序做准备，保存以后可以检索和操作的数据。了解应用程序如何存储数据是很有用的，因为这些数据将用于应用程序中的微流和构建用户界面的页面。

特性是描述实体的信息片段。一个实体可以有许多描述其各个方面的特性。以本示例为例，Member 实体可以拥有关于会员的人口统计信息，如他们的姓名和位置，或与其会员资格有关的其他重要信息，如其状态以及开始和结束日期等。

无论你是更熟悉 SQL 数据库的开发人员还是更熟悉 Excel 报表的业务人员，都可以将特性类型分别与 SQL 列或 Excel 单元格的数据类型相关联。本节将进一步解释此概念。

6.3.1　了解特性类型

在创建任何特性之前，你首先要了解特性类型。对象作为信息行存储在数据库的表（称为实体）中，由数据或特性列表示。必须指定每列以保存某种类型的数据。例如，Member 实体代表加入了视频租赁俱乐部的人。此人是视频租赁商店的会员，你可以使用 Member 实体在数据层中抽象此对象。

Member 实体将具有某些特性，其中一些特性与此人在现实生活中的属性有关。这个人可能由一个名为 FullName 特性的字符串类型特性表示，也可能由两个名为 FirstName 和 LastName 的字符串类型特性表示。字符串是一种用于表示文本信息的数据类型。

有关数据类型的完整列表以及它们在 Mendix 应用程序中的使用方式，可访问以下网址中的 Mendix 文档：

https://docs.mendix.com/refguide/attributes#type

🛈 注意：

特性和实体名称以 Pascal 命名法（PascalCase）形式给出。Pascal 命名法也称为大驼峰式命名法（upper camel case），即单词之间不以空格断开，也不使用连接符（-）或下画线（_）连接，第一个单词首字母采用大写形式，后续单词的首字母也采用大写形式，如 FirstName、LastName。

强烈建议遵循标准约定来命名应用程序中的特性、实体和其他元素。当其他人在项目上进行协作时，这将提高开发人员之间的可读性。你还可以清晰解读其他人项目的元素，如果他们也和你一样始终遵循约定的话。

在 Mendix.com 上可以在线查看最新的标准约定和最佳实践，这样也可以确保你在 Mendix 论坛上的提问和交流更容易被人理解和接受。

现在我们已经了解了各种特性类型，接下来可以向实体添加特性。

6.3.2 向域模型中的实体添加特性

要进一步了解特性类型的概念，可执行以下步骤向 Member 实体添加一些特性。

（1）在 Mendix Studio Pro 中，打开 Lackluster Video 应用程序，如图 6.7 所示。如果该应用程序已经打开，则可以直接跳到下一步。

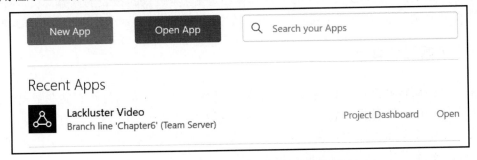

图 6.7　Mendix Studio Pro 中最近的应用程序

（2）导航到 VideoRentals 模块的 Domain Model（域模型），如图 6.8 所示。

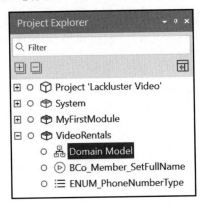

图 6.8　在 Studio Pro 的 Project Explorer（项目资源管理器）中找到视频租赁项目的域模型

（3）双击 Member 实体。

（4）在 Attributes（特性）选项卡下，单击 New（新建）按钮，如图 6.9 所示。

图 6.9　Entity Properties（实体属性）对话框中的 Attribute（特性）菜单

（5）将以下特性添加到 Member 实体。

❑　为 MemberId 输入以下值。

➢　Name（姓名）：MemberId。

➢　Documentation（说明）：The member's unique identifier。

➢　Type（类型）：AutoNumber（自动编号）。

➢　Value（值）：Stored（已存储）。

➢　Default value（默认值）：1。

❑　为 FirstName 输入以下值。

➢　Name（姓名）：FirstName。

➢　Documentation（说明）：The member's first name。

➢　Type（类型）：String（字符串）。

➢　Length（长度）：Limited（限定）。

➢　Max length（最大长度）：200。

➢　Value（值）：Stored（已存储）。

➢　Default value（默认值）：保留为空。

❑　为 LastName 输入以下值。

➢　Name（姓名）：LastName。

➢　Documentation（说明）：The member's last name。

➢　Type（类型）：String（字符串）。

➢　Length（长度）：Limited（限定）。

➢　Max length（最大长度）：200。

➢　Value（值）：Stored（已存储）。

➢　Default value（默认值）：保留为空。

❑　为 FullName 输入以下值。

➢　Name（姓名）：FullName。

➢　Type（类型）：String（字符串）。

➢　Length（长度）：Limited（限定）。

> ➤　Max length（最大长度）：200。
> ➤　Value（值）：Stored（已存储）。
> ➤　Default value（默认值）：保留为空。
- ❏　为 Active 输入以下值。
  > ➤　Name（名称）：Active。
  > ➤　Documentation（说明）：A Boolean to show whether the member is active or not。
  > ➤　Type（类型）：Boolean（布尔型）。
  > ➤　Value（值）：Stored（已存储）。
  > ➤　Default value（默认值）：true。

在添加完成之后，图 6.10 显示了 Member 实体的属性。

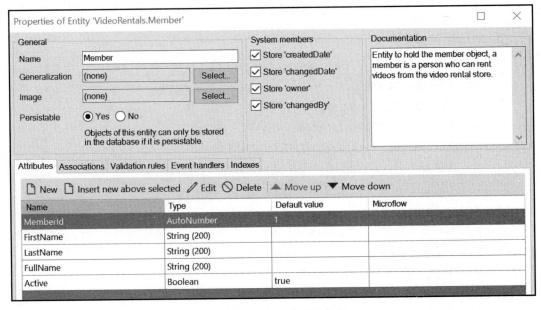

图 6.10　Member 实体的属性

ℹ️ **注意：**

　　计算特性（calculated attribute）也称为虚拟特性（virtual attribute），是指不存储在数据库中，而是在对象加载到客户端时动态计算的特性。虽然这对于聚合数据来说很方便，但太多的计算特性会导致体验下降，因为在应用程序中加载页面需要更多的客户端资源。因此，本书将侧重于创建具有 Stored（已存储）特性的 Persistable（持久化）实体。

请务必在 Entity Properties（实体属性）窗口中单击 OK（确定）按钮以使用新特性保存实体。此时的 Member 实体应如图 6.11 所示。

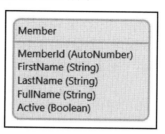

图 6.11　添加了新特性的 Member 实体

现在我们已经在 VideoRentals 域模型中拥有第一个实体。该实体抽象了应用程序的会员类并具有描述该会员的属性。接下来我们将看看两个实体如何相互关联。

6.4　在实体之间创建关联

本节将开始探索实体之间的关联。一般来说，两个不同的实体之间应该存在关系。例如，订单就应该与库存项目或客户产生关系，而一个客户对象也可能有多个地址或电话号码。你查看应用程序数据模型的方式将帮助你了解不同实体之间的关系。

6.4.1　关联的概念

关联（associations）用于表示两个实体之间的关系。在 Mendix Studio Pro 中，通过单击一个实体的边缘并将一条线拖到另一个实体的边缘即可绘制关联，也可以通过编辑 Entity Properties（实体属性）窗口的 Associations（关联）选项卡来绘制关联。

关联具有称为多重性（multiplicity）的属性。此属性以一对一、一对多或多对多的方式描述实体之间的关系。多重性在 Mendix 中用数字 1 或星号（*）表示。

两个实体之间的关系也可以描述为父子关系，因为其中一个实体将拥有该关系。连接两个实体的线上的箭头可以指示关系的所有者（owner）：箭头将从所有者指向另一个实体。如果两个实体都拥有该关系，或者在一对一（1-1）或多对多（*-*）关系的情况下，则不会有箭头。

接下来，让我们仔细看看如何构建关联。

6.4.2　添加关联实体

视频租赁商店希望为每个会员保留多个电话号码。这样，当会员延迟续费时，就可以通过多种方式联系到该会员。我们可以指定有许多电话号码，但并没有指定具体数量，因此在 Member 实体中为每个电话号码创建一个特性是不可行的，因为你并不知道该会员可能有多少个电话号码。

因此，与其在 Member 实体中创建许多不同的电话号码特性，还不如创建一个名为 PhoneNumber 的实体，该实体具有称为 PhoneNumberType 的枚举属性（PhoneNumberType 具有 Cell、Home 和 Work 等值），然后就可以使用关联来显示 PhoneNumber 和 Member 之间的多对一关系。

要创建 PhoneNumber 实体并将它与 Member 实体关联，请按以下步骤操作。

（1）在 Mendix Studio Pro 中打开 VideoRentals 域模型。

（2）向该域模型添加一个新实体，并将其命名为 PhoneNumber，然后双击该实体打开 Entity Properties（实体属性）窗口。

（3）赋予实体以下属性（除非另有说明，否则可使用默认设置）。

图 6.12 显示了添加的 PhoneNumber 特性。

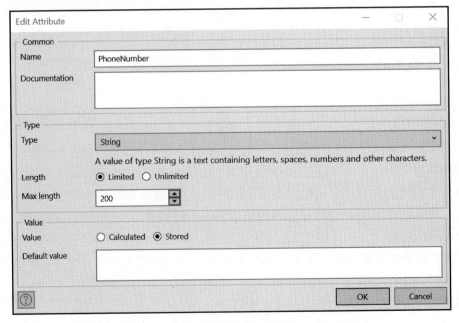

图 6.12　Edit Attribute（编辑特性）窗口——PhoneNumber

图 6.13 显示了添加的 PhoneNumberType 特性。

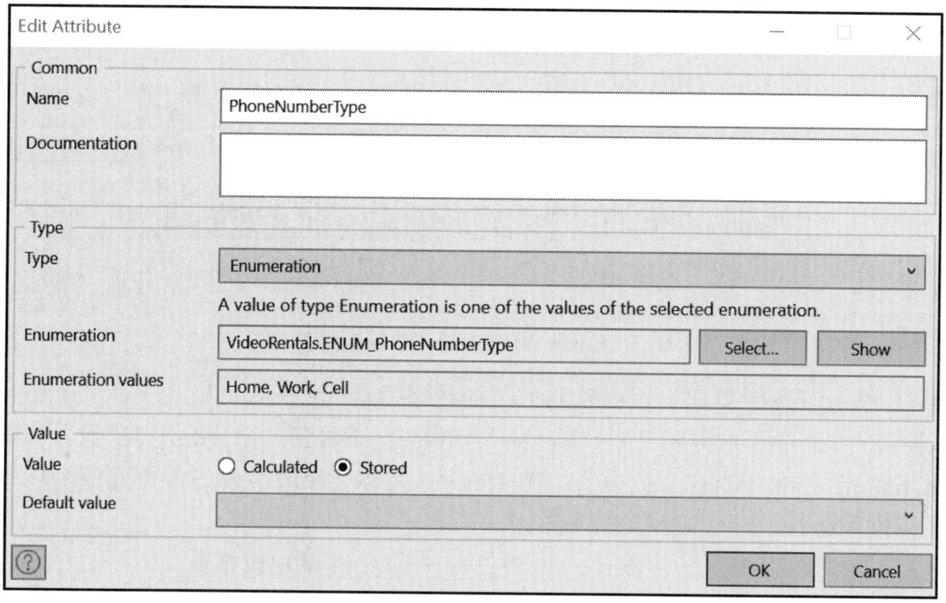

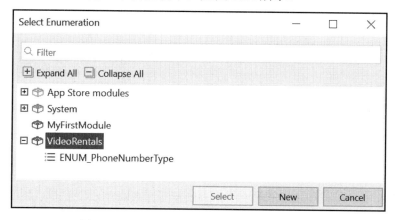

图 6.13 Edit Attribute（编辑特性）窗口——PhoneNumberType

在 Select Enumeration（选择枚举）窗口中，确保 VideoRentals 模块突出显示，然后单击 New（新建）按钮创建一个新的枚举，如图 6.14 所示。

图 6.14 Select Enumeration（选择枚举）窗口

（4）将此枚举命名为 ENUM_PhoneNumberType，然后单击 OK（确定）按钮。之后，你应该能够看到 Enumeration Edit（枚举编辑）窗口，如图 6.15 所示。

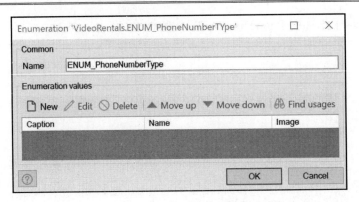

图 6.15　Enumeration Edit（枚举编辑）窗口

（5）单击 New（新建）按钮以添加新的枚举值。

（6）在 Caption（标题）字段中，输入 Home。请注意，Mendix 将在输入标题时自动填充 Enumeration values（枚举值）的 Name（名称）字段。最好保留此值，以确保应用程序按预期运行。

（7）重复步骤（5）和步骤（6），为 Work 和 Cell 创建枚举值。

在本示例中，Home 表示家庭电话，Work 表示办公电话，Cell 表示手机号码。

（8）在创建完所有值之后，在 Enumeration Edit（枚举编辑）窗口中单击 OK（确定）按钮返回到 Add Attribute（添加特性）窗口，如图 6.16 所示。

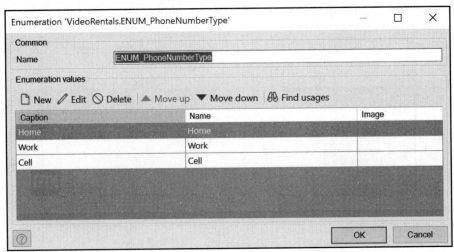

图 6.16　包含值的 Enumeration Edit（枚举编辑）窗口

（9）你可以选择默认值，或者像本示例中的枚举特性一样，将其留空，然后单击

OK（确定）按钮以保存该属性。

（10）单击 OK（确定）按钮保存 PhoneNumber 实体。

（11）将光标悬停在 PhoneNumber 实体的边缘，然后单击并将一条线拖到 Member 实体的边缘。

该操作将在 PhoneNumber 和 Member 之间创建一条线，并且该线带有一个箭头，从 PhoneNumber 指向 Member。在 PhoneNumber 一侧有一个星号（*），在另一侧则有一个数字 1。这意味着一个会员可以关联多个电话号码，如图 6.17 所示。

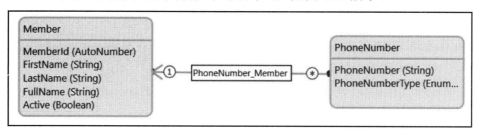

图 6.17　包含实体和关联的域模型

💡 提示：命名约定

Mendix Studio Pro 中有许多元素的最佳实践命名约定。当允许 Mendix 命名元素时，该名称很可能会遵循适当的约定。因此，除非有特定原因来重命名关联等内容，否则最好保留给定的名称，因为这样可以让 Mendix 应用程序中的开发人员更容易阅读。

本节创建了具有枚举特性的第二个实体，并将该实体与 Member 实体进行了关联。接下来，我们将介绍有关实体属性的更多信息，如验证规则、事件处理程序和访问规则等。

6.5　为 Mendix 应用程序设计数据库

除特性和关联之外，在设计 Mendix 应用程序的数据层时还需要考虑其他实体属性。这些属性包括事件处理程序、访问规则、验证规则和索引等。本节将简要介绍这些属性以及如何在 Mendix 实体中设置它们。

有关这些构造工作原理的更多信息，建议阅读有关数据架构和数据库设计的更多信息。现在，我们将介绍每个属性的简单用例。

6.5.1　在实体级别使用验证规则

验证规则（validation rule）是用于确保输入数据字段的数据符合所需标准的规则。此类规则可以确保值保持唯一，如对象 ID 或电子邮件地址。另外，此类规则还可以验证数据的长度或格式，以及强制数据等于特定值。

当用户尝试将对象保存起来或提交到数据库时，除编程到应用程序中的任何表单级或微流级验证之外，还将执行实体级验证规则。

现在，我们将向 Member 实体的 FirstName 特性添加一个简单的验证规则，以使 FirstName 特性成为必需项。在实际应用程序中，可以在微流中执行此验证，但出于演示目的，此处将直接向实体添加验证。

🔵 提示：验证

数据验证可以在实体级别、页面或微流中执行。在决定将数据验证添加到 Mendix 应用程序时，遵循组织的标准非常重要。

有关最新的最佳实践，请务必查看 Mendix 在线文档和 Mendix 论坛，它们的网址如下：

https://docs.mendix.com/refguide/

https://forum.mendixcloud.com/

要将实体级验证添加到数据属性，请执行以下操作。

（1）在 Mendix Studio Pro 中打开 Lackluster Video 应用程序并导航到 VideoRentals 模块域模型。

（2）双击 Member 实体以打开 Entity Properties（实体属性）窗口。

（3）单击 Validation rules（验证规则）选项卡。

（4）单击 New（新建）按钮。

（5）选择 FirstName 特性。

（6）输入友好的错误消息，如 First name is required。

（7）输入 Rule Type（规则类型）为 Required。

（8）单击 OK（确定）按钮以保存规则。此时在 Validation rules（验证规则）选项卡中可以看到新规则。

（9）单击 OK（确定）按钮以保存 Member 实体，如图 6.18 所示。

图 6.18　包含 FirstName 必需规则的 Validation rules（验证规则）选项卡

有关 Mendix 中其他类型的验证规则，可访问：

https://docs.mendix.com/refguide/validation-rules#1-introduction

现在我们已经在实体中创建了验证规则，接下来可以考虑事件处理程序，这也是 6.5.2 节要讨论的内容。

6.5.2　在域模型中使用事件处理程序

事件处理程序用于在数据库事件期间触发某些逻辑。这些事件发生在对象的创建、提交、删除或回滚之前或之后。在事件期间，将执行指定的微流或逻辑片段。这个微流可以将有问题的对象作为输入参数，并在事件发生之前或之后执行某些逻辑。

提交前事件处理程序的微流应该返回一个布尔值，该值为 true 或 false。如果从微流返回 False，则可以选择引发错误。如果事件处理程序出现问题，那么这将确保所选事件不会发生。你也可以通过取消选择该选项或在处理微流中始终返回 true 来忽略这一点。

🛈 提示：无限循环

太多的事件处理程序可能会导致一个次优的数据库。创建、保存、删除或回滚对象时执行的逻辑越多，完成操作所需的时间就越长。在对象提交之前或之后执行的微流永远不应该用事件提交同一个对象，因为这将创建一个无限循环，其中微流在每次提交时不断重复调用自己。因此，创建事件处理程序时要小心。

现在可以向 Member 实体添加一个事件处理程序。每当提交（或保存）会员实体时，此事件处理程序将计算 FullName 特性的内容。通过本示例，我们可以进一步了解事件处理程序如何与实体一起工作。

要将事件处理程序添加到实体，请按以下步骤操作。

（1）在 Mendix Studio Pro 中打开 Lackluster Video 应用程序并导航到 VideoRentals 模块域模型。

（2）双击 Member 实体以打开 Entity Properties（实体属性）窗口。

（3）单击 Event handlers（事件处理程序）选项卡。

（4）单击 New（新建）按钮。

（5）选择 Moment（时机）为 Before（之前），选择 Event（事件）为 Commit（提交），选择 Pass event object（传递事件对象）为 Yes（是）。

（6）对 Microflow（微流）执行以下操作。

① 单击 Select（选择）按钮。

② 在弹出窗口中选择 VideoRentals，然后单击 New（新建）按钮。

③ 将此微流命名为 BCo_Member_SetFullName。

④ 单击 OK（确定）按钮。

（7）选中 Raise an error when the microflow returns false（当微流返回 false 时引发错误）复选框，如图 6.19 所示。

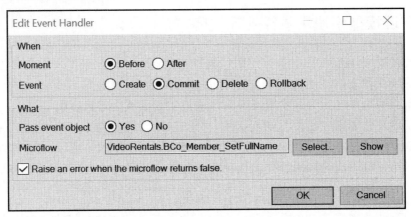

图 6.19　Edit Event Handler（编辑事件处理程序）窗口

（8）单击 OK（确定）按钮。现在将在 Entity Properties（实体属性）窗口中看到新创建的事件处理程序，如图 6.20 所示。

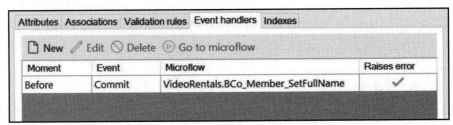

图 6.20　Entity Properties（实体属性）窗口中的事件处理程序

提示：微流

由于 Studio Pro 为你创建了此微流，因此它已经具有一些基本元素，如输入参数、开始事件、返回布尔值的结束事件等。第 8 章"微流"将介绍有关微流和常见微流操作的更多信息。

现在可继续执行以下步骤来添加一个操作，以计算会员的全名。

（9）在 Project Explorer（项目资源管理器）中，查找新创建的微流 BCo_Member_

SetFullName，双击该微流以将其打开进行编辑。

（10）单击工具栏中的 Activity（活动）图标，如图 6.21 所示。

图 6.21　Studio Pro 中的 Microflow（微流）工具栏

（11）将光标悬停在从开始事件到结束事件的线上，将活动放入流中。

（12）双击该活动以选择操作类型。

（13）选择 Change Object（更改对象）选项并在打开的对话框中输入以下值。

① Object（对象）：Member（VideoRentals.Member）。

② Commit（提交）：No（否）。

③ Refresh in client（在客户端刷新）：No（否）。

（14）单击 New（新建）按钮以添加要更改的特性并向其添加以下值。

① Member：FullName。

② Type（类型）：Set。

③ Value（值）：$Member/FirstName+' '+$Member/LastName。

（15）单击 OK（确定）按钮，结果如图 6.22 所示。

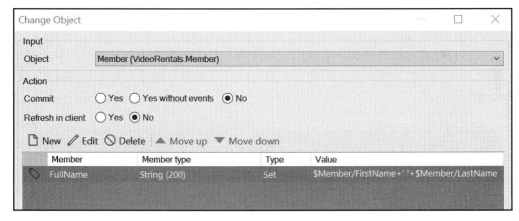

图 6.22　Member 实体的 Change Object（更改对象）对话框

　　虽然事件处理程序很有用，但如果使用不当，它们也会导致性能下降。在将事件处理程序应用于 Mendix 域模型之前，请务必真正了解用例。试验不同的事件处理程序类型，看看它们对应用程序运行的影响。如图 6.23 所示，你还能想到删除之前或之后的事件处理程序的用例吗?

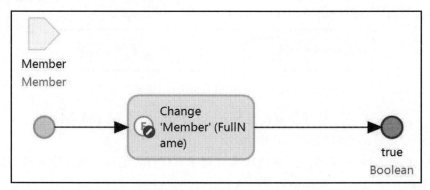

图 6.23　微流: Bco_Member_SetFullName

接下来,我们将介绍有关 Mendix 实体索引的更多信息。

6.5.3　使用索引优化数据库

索引(index)可用于缩短数据库表中数据的检索时间。使用索引会导致额外的存储空间成本和可能更慢的写入速度。虽然可以通过添加更多索引来缩短读取时间,但由于维护索引的开销更大,因此同一个表的写入时间会略有减少。

💡提示:索引和性能

使用索引时需要权衡性能。不建议添加任何索引,除非你是专业开发人员或在项目要求中有具体说明。对数据库索引感兴趣的读者可通过在线搜索自行了解有关该主题的更多信息。

Lackluster Video 使用 MemberId 属性在应用程序中引用和搜索其会员。在通过 MemberId 查找会员时,需要对 MemberId 字段进行索引以提高搜索速度。

要向 Member 实体添加索引,请按以下步骤操作。

(1)在 Mendix Studio Pro 中打开 Lackluster Video 应用程序并导航到 VideoRentals 模块域模型。

(2)双击 Member 实体以打开 Entity Properties(实体属性)窗口。

(3)单击 Indexes(索引)选项卡。

(4)单击 New(新建)按钮。

(5)单击 Change Attributes(更改特性)按钮。

　　（6）从 Available attributes（可用特性）部分选择 MemberId 并通过单击窗口中间的
向右箭头将其移动到 Index attributes（索引特性）部分，如图 6.24 所示。

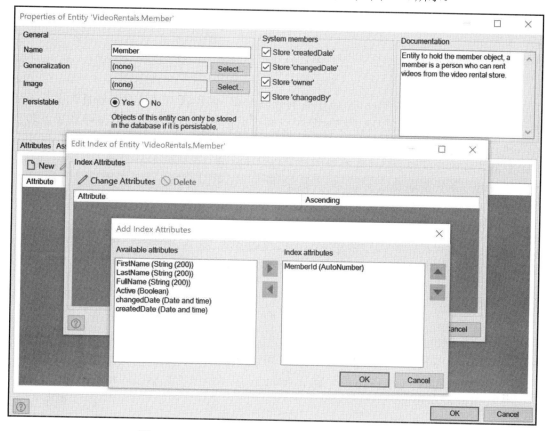

图 6.24　Add Index Attributes（添加索引特性）窗口

　　（7）在 Add Index Attributes（添加索引特性）窗口中单击 OK（确定）按钮。
　　（8）在 Edit Index（编辑索引）窗口中单击 OK（确定）按钮。
　　现在可以看到实体上的新索引，如图 6.25 所示。

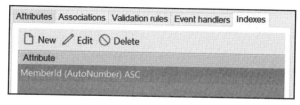

图 6.25　Entity Properties（实体属性）窗口的 Indexes（索引）选项卡

（9）单击 OK（确定）按钮以保存实体。

现在我们已经在 Mendix 实体上创建了第一个索引。请务必了解有关索引的应用技巧，以真正掌握如何使用它们来提高数据库性能。

6.6　小　　结

本章详细介绍了有关 Mendix 域模型的基础知识。我们阐释了实体、特性和关联等概念。实体可以存储为应用程序数据对象，以供日后在业务逻辑和用户界面中检索。我们还阐释了特性和数据类型，以及如何在实体中存储不同的数据类型。

数据片段本身就像 Excel 表格中的单元格，列是特性，工作表是实体，每一行都是一个对象或者一条数据记录。

此外，本章还解释了关联的概念，以及如何将对象相互关联在一起，同时还演示了一些关联实体的用例。

现在你应该已经知道如何创建实体、修改实体属性（包括添加特性）以及如何创建关联以将实体相互关联在一起。第 7 章将介绍页面设计的基础概念。

6.7　牛 刀 小 试

测试你对本章讨论的概念的理解情况。答案将在第 7 章的"牛刀小试"后提供。

（1）在 Mendix Studio Pro 中，代表 Mendix 应用程序中数据层的元素称为什么？

A．域模型

B．页面

C．模块

D．微流

（2）Mendix 域模型中的数据表叫什么？

A．电子表格

B．实体

C．数据集

D．特性

（3）是非题：特性（attribute）代表实体中的一列数据。

A．是

B．否

（4）以下哪些是 Mendix 域模型中可用的数据类型？

    A．Auto Number，Date and Time，Binary

    B．Binary，Short，Integer

    C．String，Double，Auto Number

    D．Array，Class，Date and Time

（5）是非题：计算属性也称为虚拟属性。

    A．是

    B．否

（6）持久化实体在 Mendix Studio Pro 中显示什么颜色？

    A．金色

    B．紫色

    C．灰色

    D．蓝色

（7）Mendix 域模型中两个实体之间的关系称为什么？

    A．Relation

    B．Association

    C．Multiplicity

    D．Entity property

（8）以下哪个数据库元素可用于缩短从表中检索数据的时间？

    A．验证规则

    B．事件处理程序

    C．索引

    D．枚举

第 5 章牛刀小试答案

以下是第 5 章牛刀小试的答案。

（1）在 Cloud Portal（云门户）的哪个位置可以查看你有权访问的许可节点？

    A．Environments

    B．My Apps

    C．Nodes

    D．Cluster Manager

（2）以下哪一项最能描述 Mendix Cloud Portal（云门户）的 Planning（计划）部分？

A．提供看板、燃尽图和发布计划

B．允许你邀请其他人在你的应用程序上进行协作

C．应用程序协作者留下注释的地方

D．购买第三方模块的地方

（3）为了编辑 Mendix 应用程序，需要在本地下载并安装哪个 Mendix 产品？

A．Mendix Studio

B．Mendix Web Modeler

C．Mendix Studio Pro

D．Mendix Code Editor

（4）在 Mendix Studio Pro 的哪个位置可以看到应用程序中有未提交的工作？

A．Variables

B．Properties

C．Changes

D．Project Explorer

（5）是非题：提交 Mendix 应用程序中的错误是一个好习惯。

A．是

B．否

（6）在哪里可以将第三方模块下载到你的 Mendix 应用程序中？

A．Mendix App Store

B．Mendix Module Store

C．Mendix Developer Pro Shop

D．Mendix Community

（7）是非题：模块名称应以字母开头，且只能包含字母、数字和下画线。

A．是

B．否

（8）以下哪个安全级别将对 Mendix 应用程序应用完全安全性？

A．Prototype

B．Production

C．Demo

D．Secure Mode

第7章 页面设计基础知识

在第 6 章中，我们学习了域模型的基础知识以及如何为 Mendix 应用程序设计数据架构。本章将讨论允许 Mendix 开发人员设计应用程序用户界面的主要元素之一：页面。

我们将详细阐释有关页面设计的一些基础知识，如创建和设计页面、将数据连接到页面以及使用小部件（widget）等。

除此之外，本章还将深入研究 Mendix 提供的 Atlas UI 框架，以简化设计过程，获得更好的用户体验。

最后，本章还将演示如何使用其他设计元素，如页面模板。

本章包含以下主题。

❑　构建用户界面。
❑　了解 Atlas UI 框架。
❑　应用布局、小部件和构建块。
❑　在 Mendix 应用程序中调用页面。

7.1　技　术　要　求

本章示例项目可在以下网址的 Chapter07 文件夹中找到：

https://github.com/PacktPublishing/Building-Low-Code-Applications-with-Mendix

7.2　构建用户界面

Mendix 可提供页面（page）的构造以构建应用程序的用户界面（user interface，UI）。本节将阐释有关页面的基础知识以及如何构建它们。

7.2.1　页面的构成

页面是使用 Studio Pro 中的布局（layout）和小部件构建的。布局是可重复使用的元素，可应用于页面并为页面提供通用组件，如菜单、页眉和页脚等。

小部件可提供文本框、滑块等元素，以允许用户与应用程序页面进行交互。Atlas UI 可提供页面模板和其他构建块，为页面提供具有标准 Web 元素的现代设计。

本章将引导你创建一个页面，熟悉 Atlas UI 构建块和其他小部件，通过它们设计你的页面，并使用按钮和导航来调用页面。这些技能将帮助你使用 Mendix Studio Pro 中的给定元素构建强大的用户界面。

7.2.2　创建新页面

在 Mendix Studio Pro 中，有若干种方法可以创建新页面。最简单的方法是使用 Project Explorer（项目资源管理器）选择一个模块并创建一个新页面。以下练习将引导你完成在 Mendix Studio Pro 中创建新页面的步骤。

要创建新页面，请按以下步骤操作。

（1）打开 Studio Pro。

（2）登录你的 Mendix 账户。

（3）打开 Lackluster Video 项目。

（4）展开 VideoRentals 模块。

（5）右击 VideoRentals 选项。

（6）选择 Add page（添加页面）选项以打开 Create Page（创建页面）页面，如图 7.1 所示。

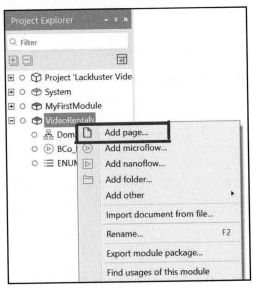

图 7.1　使用模块上下文菜单

（7）创建一个页面，配置选项如下。

❑　选择 Responsive (Web)选项卡。

❑　Page name（页面名称）：Member_Overview。

❑　Navigation layout（导航布局）：Atlas_Default (Atlas_UI_Resources)。

❑　Template（模板）：Blank（空白）。

结果如图 7.2 所示。

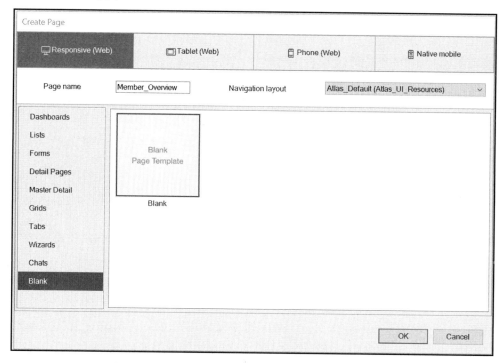

图 7.2　带有模板选项的 Create Page（创建页面）页面

（8）单击 OK（确定）按钮。

在 Create Page（创建页面）页面中可以选择要构建的页面类型。顶部的选项卡组允许你在设备类型之间切换。可以看到，Responsive (Web)（响应式 Web 页）对应桌面平台，Tablet (Web)对应平板电脑，Phone (Web)对应手机设备，只不过仍采用 Web 页面形式，而 Native mobile 则原生支持移动设备。

下一行包含用于设置页面名称和导航布局的字段。有关该命名约定最佳实践的官方文档，可访问以下网址：

https://docs.mendix.com/howto/general/dev-best-practices

在 Create Page（创建页面）页面底部可以选择预设或自定义页面模板。下文将介绍更多有关页面模板的信息。

在创建新页面后，即可在 Mendix Studio Pro 中进入该页面。根据选择的模板，页面上应该已经有一些小部件。请注意，不能直接从页面编辑器中编辑其变灰区域。要修改这些，必须编辑导航布局本身，如图 7.3 所示。

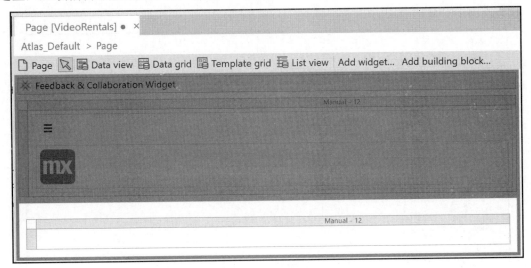

图 7.3　带有灰色布局区域和可编辑主区域的新空白页面

编辑导航布局时要小心，因为这些更改将应用于使用该布局的每个页面。下文将介绍有关导航布局的更多信息。

页面的主区域是可编辑的。空白页面模板带有一个布局网格，配置为单行单列，宽度为 12 列。你可以向网格中添加任意数量的行以垂直扩展页面。最多可以向布局网格中添加 12 列，并且所有列的总宽度不得超过 12。布局网格小部件建立在 12 列布局原则之上。添加到页面的任何元素都应放置在此主布局网格中。布局网格可以嵌套，以允许对页面上的空间进行更精细的控制。

💡 提示：

要从 Studio Pro 中删除页面或任何元素，可右击 Project Explorer（项目资源管理器）窗格中的元素并单击 Delete（删除）按钮，或者在 Project Explorer（项目资源管理器）窗格中选择该元素然后按 Delete 键。

如果要临时从项目中排除某个元素而不将其删除，则可以从上下文菜单中选择 Exclude from Project（从项目中排除）选项。

在完成了创建页面操作之后，接下来，我们将看看如何添加一些用户界面（UI）元素以使页面更加丰富。

7.3　了解 Atlas UI 框架

Atlas UI 是由 Mendix 构建的设计框架，旨在方便 UI/UX 设计，使得 Studio Pro 应用程序开发更加轻松。你可以使用现成的小部件、页面模板、构建块，甚至整个应用程序模板，直观地设计应用程序的用户界面。

Atlas UI 建立在以下 3 个设计原则之上。

❑　简单。

❑　和谐。

❑　灵活。

有关 Atlas UI 框架及其可用设计设备的完整详细信息可访问：

atlas.mendix.com

你还可以自行探索 Create Page（创建页面）页面中可用的各种模板。

接下来，让我们向新创建的 Member_Overview 页面添加一些常用元素。

7.4　应用布局、小部件和构建块

Mendix 应用程序中的页面由导航布局、小部件和构建块构成。

本节将详细介绍导航布局，包括在哪些情况下使用它们以及如何使用它们。导航布局可视为页面的结构。Studio Pro 和 Mendix App Store 中还有许多常见的小部件和不太常见的小部件。我们将学习如何将小部件添加到页面，以便可以显示数据并为最终用户构建一些交互。

最后，我们还将使用 Atlas UI。这是 Mendix 的框架，用于构建具有可识别 Web 元素（如仪表板磁贴、标题和卡片等）的强大 UI。

在以下练习中，你将了解导航布局，向页面添加一些常用小部件，并尝试使用一些 Atlas UI 构建块。

7.4.1　了解导航布局

导航布局可以应用于许多页面，它们控制页面的通用元素，如主导航菜单、公司品牌和反馈小部件。使用导航布局将确保应用程序中各个页面的一致性。你可以从页面属性更改页面的布局。目前我们将页面的导航布局保持为 Atlas Default。

7.4.2　使用常见的小部件

在 Studio Pro 的页面编辑器中，有若干种方法可以将小部件添加到你的页面。编辑器窗口中的工具栏具有 4 个主要的原生数据连接器小部件的快速选择选项，包括数据视图（data view）、数据网格（data grid）、模板网格（template grid）和列表视图（list view）小部件。

❑　Add widget（添加小部件）菜单可显示所有其他可用的原生小部件和应用程序商店下载的小部件。

❑　Add building block（添加构建块）菜单提供了可在页面上使用的 Atlas UI 构建块的列表。

现在让我们向此页面添加一个数据网格小部件，以便查看在第 6 章 "域模型基础知识" 中创建的 Member 实体中的记录。

要将数据网格添加到页面，请按以下步骤操作。

（1）在 Mendix Studio Pro 中打开 Lackluster Video 应用程序。

（2）展开 VideoRentals 模块。

（3）双击 Member_Overview 页面。

（4）单击 Page editor（页面编辑器）工具栏中的 Data grid（数据网格）按钮，如图 7.4 所示。

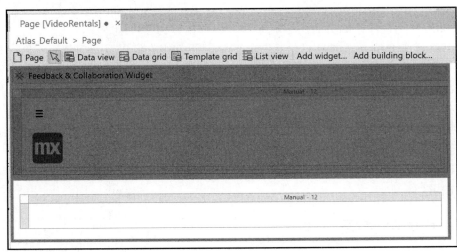

图 7.4　Page editor（页面编辑器）工具栏

（5）在页面布局网格中间的屏幕上单击，将数据网格拖放到页面上。

（6）找到并打开 Connector（连接器）面板，如图 7.5 所示。

图 7.5　Connector（连接器）面板

（7）单击并拖动 Member 实体，将其拖放到在步骤（5）中放置的数据网格上。

ℹ 注意：

如果 Connector（连接器）面板为空并显示 Nothing to connect（没有可连接的东西），则应确保在页面上选择了数据网格。某些面板会响应页面编辑器中的小部件选择，Connector（连接器）面板就是如此。

（8）在 Data Source Options（数据源选项）对话框中确保 Type（类型）选择 Database（数据库），并选中 Automatically fill the contents of the data grid（自动填充数据网格的内容）复选框，如图 7.6 所示。

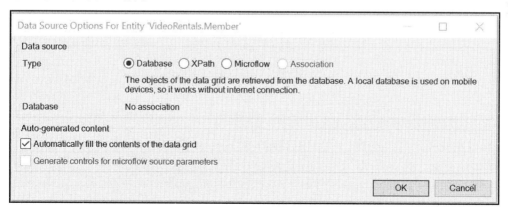

图 7.6　Data Source Options（数据源选项）对话框

（9）单击 OK（确定）按钮。

现在我们已经将第一个小部件放置在 Mendix 应用程序的页面上,并将其连接到数据源。这里有几点需要注意。

- ❑ 搜索字段和列已自动添加到页面中。

  这取决于主题实体的大小,这可能正是我们所需要的,也可能不是我们所希望的。这种情况下的大小指的是实体中的属性数量。

  如果我们的要求只是显示某些特性,则可以取消选中 Automatically fill the contents of the data grid(自动填充数据网格的内容)复选框,这将允许你仅拖放要在网格中显示的属性并允许用户进行搜索。在创建数据网格之后,你始终可以编辑它的列和搜索字段。

- ❑ 创建网格时生成了两个错误。

  这两个错误与网格上的 New(新建)和 Edit(编辑)按钮有关。Mendix 在创建网格时将这两个按钮放置在网格上,但没有与这些按钮相关联的页面。

在 Studio Pro 中工作的众多好处之一是能够让建模器(modeler)为你完成一些工作。在上面的步骤中,当你将数据网格添加到页面并选中 Automatically fill the contents of the data grid(自动填充数据网格的内容)复选框时,将会看到创建的网格带有搜索字段和列,用于显示连接到的特性。这使你无须手动执行此操作,从而避免了一些步骤。

7.4.3　修复自动生成的错误

Studio Pro 可以完成比创建列和字段更复杂的事情。它甚至可以创建整个页面。要修复之前在 New(新建)和 Edit(编辑)按钮上生成的错误,请按以下步骤操作。

(1)右击 New(新建)按钮,如图 7.7 所示。

图 7.7　有错误的数据网格控制栏

(2)单击 Generate Page(生成页面)按钮。

请注意,新页面已经有一个名称:Member_NewEdit。这是根据 Mendix 最佳实践自动生成的。

(3)将 Navigation layout(导航布局)更改为 PopupLayout (Atlas_UI_Resources)。

(4)选择 Form Vertical(垂直表单)布局。

(5)单击 OK(确定)按钮。

请注意创建此页面时这两个错误是如何清除的。这可以在 Project Explorer(项目资源管理器）中双击新页面进行查看。

此外，请注意 Studio Pro 如何自动创建连接到 Member 实体的数据视图小部件，并将实体的所有特性放入其中。

数据视图小部件是一个页面元素，可用于从域模型的实体中查看单个对象或记录。此小部件上还有默认的 Save（保存）和 Cancel（取消）按钮。你可以通过添加或删除小部件和按钮来进一步自定义此页面。出于本书的目的，我们将保留页面原样。

接下来，我们将学习如何使用 Atlas UI 构建块在页面中创建结构。

7.4.4　使用 Atlas UI 构建块

在获得一个连接了一些数据的页面之后，现在我们可以用一些设计来稍微修饰一下页面。首先可以添加一个带有页面标题和副标题的 Header（标题）部分。请按以下步骤操作。

（1）在 Mendix Studio Pro 中打开 Lackluster Video 项目。

（2）从 VideoRentals 模块打开 Member_Overview 页面。

（3）单击 Add building block（添加构建块）按钮，如图 7.8 所示。

图 7.8　Page editor（页面编辑器）工具栏

（4）从 Header（标题）部分选择 Hero Header 2。

（5）将鼠标悬停在已添加的数据网格上方，但将光标放置在布局网格中。这将突出显示一个框以指示可以放置构建块的位置，如图 7.9 所示。

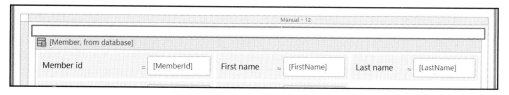

图 7.9　用于在页面上放置构建块或小部件的突出显示框

（6）单击以将 Hero Header 2 构建块拖放到页面上。如果构建块被放在数据网格下方，则只需单击并拖动构建块即可将其重新定位在顶部。

（7）此时的页面如图 7.10 所示。

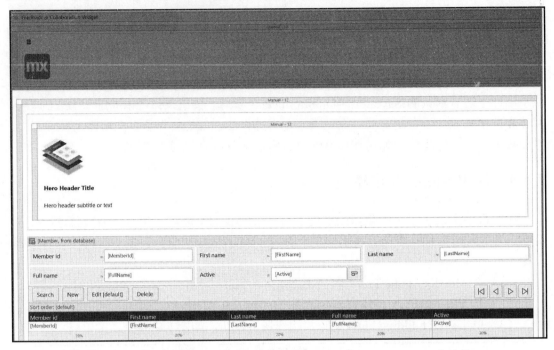

图 7.10　Member_overview 页面（带有显示默认内容的 Hero Header 2 构建块）

（8）双击 Hero Header Title 文本进行编辑。

（9）将 Caption（标题）更改为 Members。

（10）将 Render mode（渲染模式）更改为 Heading 3（标题 3）。

（11）单击 OK（确定）按钮。

（12）对副标题重复步骤（8）和步骤（9）。将 Caption（标题）更改为 A list of video store members。

7.4.5　修改图像

现在，由于我们希望设计元素对访问者有提示作用，因此也可以按照以下步骤将图像更改为更相关的内容。

（1）双击标题上方的图片进行编辑。请注意用于修改图像外观、可见性和单击行为的选项。

（2）单击 Image（图像）旁边的 Select（选择）按钮以查找新图像。

（3）向下滚动并选择 Atlas_UI_Resources.Native_Content 下的 illustration_users 图像。

（4）单击 OK（确定）按钮。

现在的 Header 部分如图 7.11 所示。

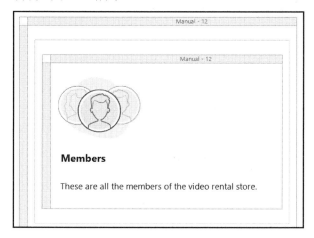

图 7.11　包含自定义内容的 Hero Header 2

通过上述示例可以看到，在 Mendix Studio Pro 中创建强大的用户界面是很容易的。本节演示了如何在 Studio Pro 中构建页面，并使用导航布局、小部件和 Atlas UI 构建块等元素来设计强大的用户界面。接下来，我们将学习如何将页面连接到应用程序的导航系统并使用微流和按钮调用 Mendix 应用程序中的页面。

7.5　在 Mendix 应用程序中调用页面

当你想要引导用户浏览你的应用程序时，可以通过页面指引他们。应用程序的逻辑将决定显示哪个页面以及何时显示。如果你正在与 UX 设计师合作，则可能会收到一些模型或用户访问应用程序流程的故事板。即使不与设计师合作，也必须考虑你的用户将如何从 A 点到达 B 点，为什么他们想去那里，以及他们到达那里后会看到什么。

🔵 提示：

UX 是指用户体验（user experience），因此，UX 设计是指以用户体验为中心的设计，它关注系统的易用性、实用性和高效性。

你可能需要通过多种方式让用户访问应用程序中的某个页面。用户可能来自主菜单，他们可能正在单击应用程序中某个地方的按钮，或者他们可能执行了一些导致显示特定页面的功能。用户每次登录或刷新应用程序时，都会有一个主页可以登录。

本节将学习如何使用主导航来构建应用程序菜单。除主菜单外，还应该有其他方法允许用户访问某个页面。例如，向用户显示可直接访问的链接或按钮，或通过微流调用页面，这将允许你创建或检索数据对象并将其传递到目标页面。

7.5.1　了解主导航

Mendix 应用程序的主导航位于 Project Explorer（项目资源管理器）的项目模块中。要添加菜单项，请执行以下操作。

（1）在 Project Explorer（项目资源管理器）中展开项目模块，如图 7.12 所示。

图 7.12　Project Explorer（项目资源管理器）中的项目模块

（2）双击 Navigation（导航）选项。

（3）单击 Menu（菜单）选项栏上的 New item（新建项目）按钮，如图 7.13 所示。

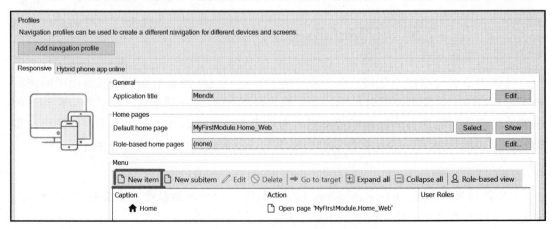

图 7.13　主应用程序导航编辑

（4）对以下选项进行设置。

❑　Caption（标题）：Members。

❑　Icon（图标）：Glyphicon 'user'。
❑　On click（单击时）：Show a page（显示页面）。
❑　Page（页面）：VideoRentals.Member_Overview。
此时 Edit Menu Item（编辑菜单项）对话框如图 7.14 所示。

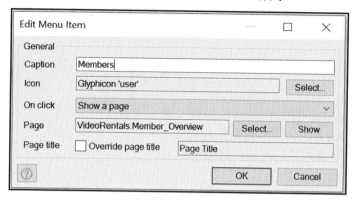

图 7.14　Edit Menu Item（编辑菜单项）对话框

（5）单击 OK（确定）按钮。

现在我们已经有了一个针对 Members 的导航项目，接下来需要学习如何直接从按钮小部件调用页面。

7.5.2　直接调用页面

在某些情况下，你应该允许用户能够直接利用另一个页面上的按钮或小部件调用目标页面。并非每个页面都需要进入应用程序的主导航。

要使用页面上的小部件调用应用程序中的页面，请按以下步骤操作。

（1）在 Studio Pro 中打开 Lackluster Video 项目后，展开 MyFirstModule 模块。

（2）双击 Home_Web（这是 Mendix 应用程序的主页）选项。

如果不确定哪个页面是主页，则可以随时打开主导航页面查看所选主页。

（3）右击列并选择 Add column right（在右侧添加列）选项，在布局网格中再创建两列，如图 7.15 所示。

🛈 注意：

请注意设计上的一致性。你可以删除此页面上的标题并将其更改为 Hero Header 2 构建块以匹配在 7.2.2 节 "创建新页面" 中创建的其他页面。如果不确定如何执行此操作，请返回阅读前文。

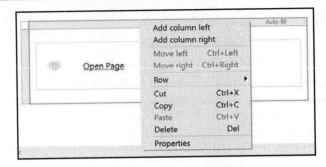

图 7.15   使用列的上下文菜单

（4）单击 Add building block（添加构建块）按钮。

（5）选择 Card Action（卡片操作）选项。

（6）将构建块放入下方布局网格的第一列。

这将生成两个警告，因为目前我们还没有为此构建块的元素定义鼠标单击事件，如图 7.16 所示。

（7）双击 image（图像）图标进行编辑。

（8）单击 Icon（图标）字段旁边的 Select（选择）按钮。

（9）选择 Image（图像）选项。

（10）选择与 7.4.5 节"修改图像"相同的用户插图，然后单击 OK（确定）按钮。

（11）在 Events（事件）下，将 Selection（选择）更改为 Show a page（显示页面）。

（12）选择 Member_Overview 页面。

（13）单击 OK（确定）按钮。

（14）双击 Open Page（打开页面）。

（15）将 Caption（标题）更改为 Members。

（16）对 Events（事件）部分执行步骤（11）和步骤（12）。

（17）单击 OK（确定）按钮以返回到你的页面。修改后的磁贴如图 7.17 所示。

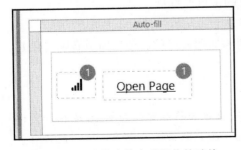

图 7.16   包含警告的卡片操作构建块   图 7.17   清除警告之后的 Card Action（卡片操作）构建块

可以看到，该操作非常简单，添加一个 Atlas UI 构建块并经过适当的自定义设置即可。接下来，我们将学习如何使用微流调用 Mendix 应用程序中的页面。

7.5.3　从微流调用页面

调用页面的另一种方法是使用微流（microflow）。一般来说，可以使用一些自定义逻辑来向最终用户显示特定页面。在某些情况下，我们需要先自定义对象，然后给用户显示一个页面，以允许用户编辑它。

例如，在向视频租赁应用程序添加新会员时，要求该会员至少提供一个电话号码，这样才能保存其必要的信息。但是你可能已经注意到，在 7.4.4 节“使用 Atlas UI 构建块”中，自动生成的页面上并没有显示会员的电话号码字段。

默认的 New（新建）按钮和自动生成的页面没有考虑 PhoneNumber 实体。因此，新页面仅包含来自 Member 实体的属性。

在以下练习中，我们将使用微流创建新的 PhoneNumber 实体并将其传递到页面以在 UI 中进行编辑。首先，必须使用 PhoneNumber 实体的附加数据网格修改 Member_NewEdit 页面。让我们从这一过程开始。

要更新 Member_NewEdit 页面，请按以下步骤操作。

（1）在 Mendix Studio Pro 中打开 Lackluster Video 项目并展开 VideoRentals 模块。

（2）在 Project Explorer（项目资源管理器）中双击 Member_NewEdit 页面以打开它进行编辑。

（3）在 Page editor（页面编辑器）工具栏中单击 Data grid（数据网格）按钮，如图 7.18 所示。

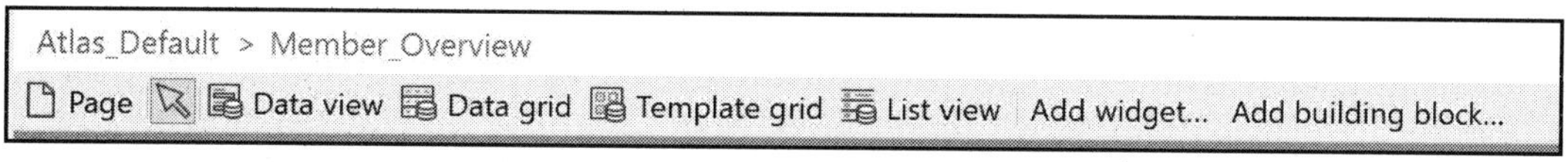

Atlas_Default > Member_Overview

📄 Page　　▨ 🖼 Data view　 🖼 Data grid　 🖼 Template grid　 🖼 List view　 Add widget...　 Add building block...

图 7.18　Page editor（页面编辑器）工具栏

（4）拖放此数据视图，使其嵌套在 Member 会员的数据视图中，位于 Active（活动）单选按钮下方。

（5）在 Connector（连接器）面板中，单击 PhoneNumber 实体，然后将其拖放到新的数据网格上。

（6）在 Data Source Options（数据源选项）弹出窗口中，选择 Type: Association（类型：关联）选项。

（7）单击 OK（确定）按钮。

（8）重新排列这些列，通过拖放列将类型特性放在电话号码特性之前，如图 7.19 所示。

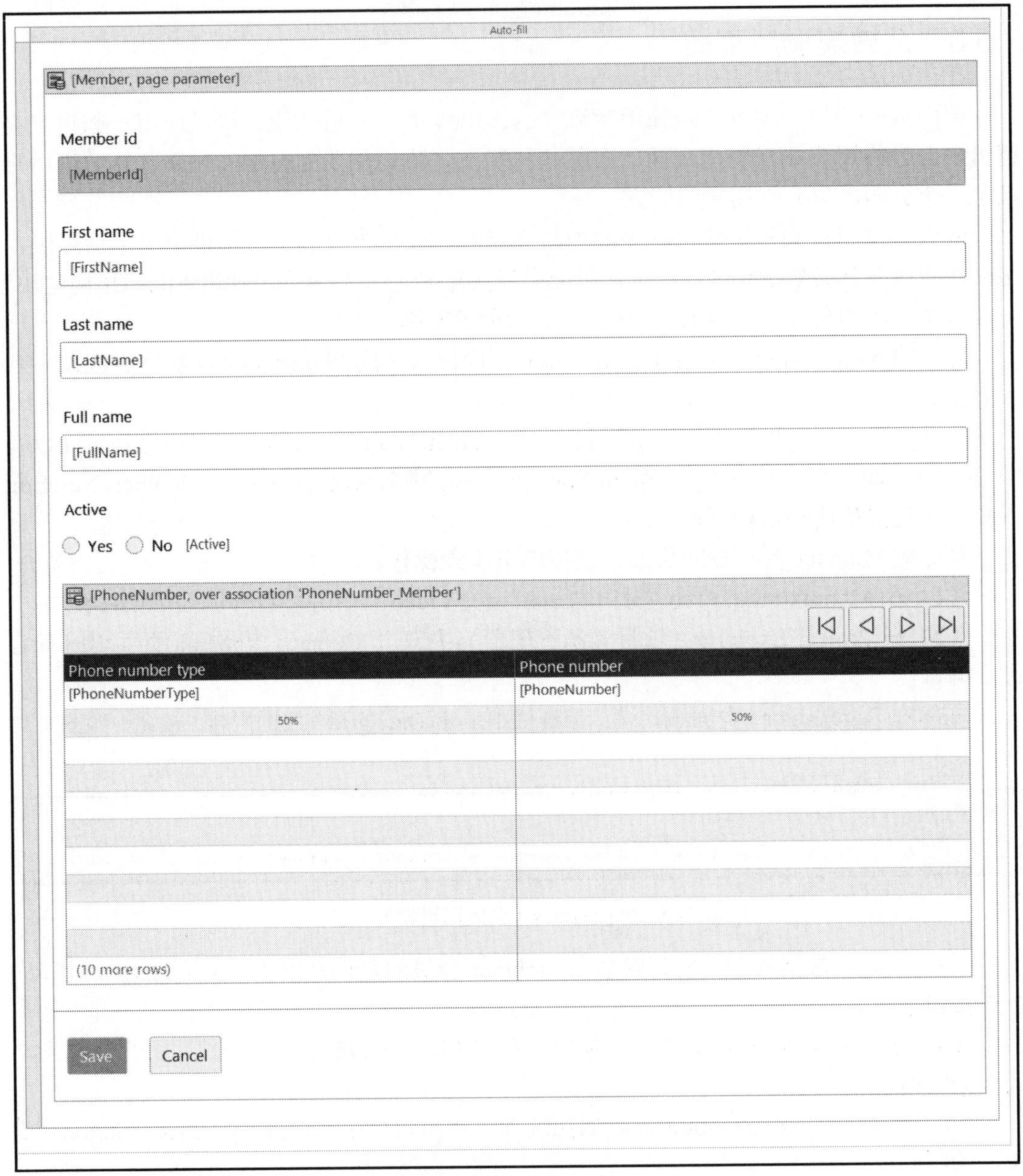

图 7.19　包含嵌套的 PhoneNumber 数据网格的 Member_NewEdit

现在我们已经修改了 Member_NewEdit 页面以保存电话号码，接下来还需要添加一种创建新电话号码的方式。为此，可使用连接到微流的自定义操作按钮，该微流将创建 PhoneNumber 对象并将其传递到页面进行编辑。

7.5.4　创建微流以显示页面

我们将尽可能利用 Studio Pro 来构建此微流并生成结果 PhoneNumber_NewEdit 页面。在第 8 章中将介绍有关微流的更多信息，而目前我们的目标是，创建一个简单的微流以显示需要的页面。

要将自定义操作按钮添加到数据网格，请执行以下操作。

（1）右击数据网格的控制栏，然后选择 Add button（添加按钮）| Action（操作）选项，如图 7.20 所示。

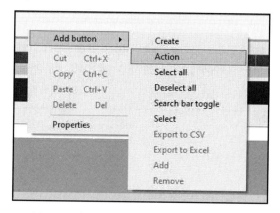

图 7.20　使用数据网格控制栏上下文菜单

（2）双击 Action（操作）按钮打开其 Properties（属性）对话框。

（3）删除标题并将其留空。

（4）为 Icon（图标）选择一个选项，选择 Glyphicon Plus（加号）。

（5）将 On click（单击时）事件更改为 Call a Microflow（调用微流）。

（6）在接下来的 Select Microflow（选择微流）弹出窗口中选择 VideoRentals 模块后，单击 New（新建）按钮。

（7）将该微流命名为 Act_PhoneNumber_Create。

（8）单击 OK（确定）按钮。

（9）右击新添加的带有加号（+）的 Action（操作）按钮，然后选择 Go to on click

microflow（转到单击时的微流）选项。

　　Mendix 将使用一些输入参数创建一个微流。当某个对象作为输入参数给出时，微流将会在调用微流时传入该对象。

　　（10）鉴于我们将在微流中创建一个新的 PhoneNumber 对象，因此需要删除具有相同名称的输入参数，方法是选择它并按 Delete 键，如图 7.21 所示。

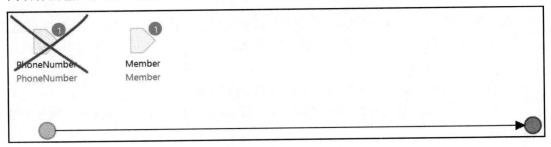

图 7.21　删除 PhoneNumber 输入参数

　　（11）在微流编辑器中右击，然后选择 Add（添加）| Activity（活动）选项。

　　（12）将 Activity（活动）拖到绿点和红点之间的线上，使其与线对齐（垂直居中），如图 7.22 所示。

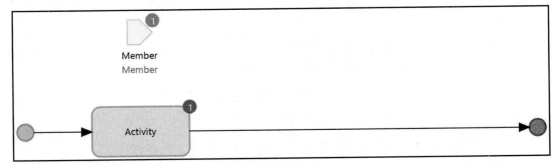

图 7.22　使 Activity（活动）与微流的线条对齐

　　（13）双击 Activity（活动）进行编辑。

　　（14）选择 Create Object（创建对象）选项。

　　（15）单击 Entity（实体）字段旁边的 Select（选择）按钮。

　　（16）双击 PhoneNumber。

　　（17）单击 New（新建）按钮。

　　（18）对于 Member（会员），选择 VideoRentals.PhoneNumber_Member (VideoRentals.

Member)选项。

（19）单击 Generate（生成）按钮。

（20）选择 Variable（变量）选项。

（21）选择 Member (VideoRentals.Member)选项。

（22）单击 OK（确定）按钮 3 次。

💡 提示：

设置关联（association）对于确保 PhoneNumber 对象与正确的 Member 对象关联在一起很重要。如果没有正确设置关联，那么将在数据库中创建孤立对象并且需要定期清理它们。

（23）按照步骤（11）～步骤（13）在第一个活动之后添加另一个活动并打开它进行编辑。

（24）选择 Show Page（显示页面）选项。

（25）单击 OK（确定）按钮。

（26）对于 Object to pass（要传递的对象），选择 NewPhoneNumber 对象。

（27）在 Page（页面）旁边，单击 Select（选择）按钮。

（28）选择 VideoRentals 模块后，单击 New（新建）按钮。

请注意，这个新页面已经有了名称和适当的布局。

（29）选择 Form Vertical（垂直表单）模板并单击 OK（确定）按钮两次。

恭喜！你已经掌握了如何使用微流在 Mendix 应用程序中显示页面。

现在我们已经熟悉了有关调用页面的所有信息。页面可以链接到主菜单或其他页面上的按钮和链接，也可以通过微流调用，这样就可以在页面显示一些数据之前对其进行操作。

7.6　小　　　结

本章演示了如何创建用户界面。Studio Pro 提供了页面结构，供你向最终用户显示信息。这些页面是使用 Mendix Studio Pro 中的布局、小部件和 Atlas UI 构建块设计的。此外，本章还学习了如何利用应用程序主导航、页面小部件和微流来调用页面。

第 8 章将深入讨论微流并学习如何使用自定义函数验证数据。

7.7　牛刀小试

测试你对本章讨论的概念的理解情况。答案将在第 8 章的"牛刀小试"后提供。

（1）哪个 Mendix 产品可提供页面模板和其他构建块，为你的应用程序页面提供具有标准 Web 元素的现代设计？

　　A．页面

　　B．小部件

　　C．用户体验

　　D．Atlas UI

（2）是非题：Mendix Studio Pro 提供了构建响应式页面和与特定设备相关的页面的能力。

　　A．是

　　B．否

（3）Studio Pro 中的哪个页面允许你为新页面选择页面模板和导航布局？

　　A．Properties

　　B．Changes

　　C．Create Page

　　D．New Entity

（4）如何在 Studio Pro 中更改页面的灰色显示区域？

　　A．编辑导航布局

　　B．双击灰色区域

　　C．编辑页面模板

　　D．添加页面

（5）布局网格中列的总宽度不得超过多少？

　　A．10

　　B．9

　　C．12

　　D．6

（6）判断正误：要临时从项目中删除页面而不是真正删除它，可以使用 Studio Pro 的 Exclude from Project（从项目中排除）功能。

　　　　A．正确

　　　　B．错误

（7）Atlas UI 建立在哪 3 个设计原则之上？

　　　　A．易用、结构、小部件

　　　　B．简单、和谐、灵活

　　　　C．和谐、易用、布局

　　　　D．简单、灵活、美观

（8）是非题：导航布局可以应用于 Mendix 应用程序中的多个页面。

　　　　A．是

　　　　B．否

第 6 章牛刀小试答案

以下是第 6 章牛刀小试的答案。

（1）在 Mendix Studio Pro 中，代表 Mendix 应用程序中数据层的元素称为什么？

　　　　A．域模型

　　　　B．页面

　　　　C．模块

　　　　D．微流

（2）Mendix 域模型中的数据表叫什么？

　　　　A．电子表格

　　　　B．实体

　　　　C．数据集

　　　　D．特性

（3）是非题：特性（attribute）代表实体中的一列数据。

　　　　A．是

　　　　B．否

（4）以下哪些是 Mendix 域模型中可用的数据类型？

　　　　A．Auto Number，Date and Time，Binary

　　　　B．Binary，Short，Integer

　　　　C．String，Double，Auto Number

　　　　D．Array，Class，Date and Time

（5）是非题：计算属性也称为虚拟属性。

　　A．是

　　B．否

（6）持久化实体在 Mendix Studio Pro 中显示什么颜色？

　　A．金色

　　B．紫色

　　C．灰色

　　D．蓝色

（7）Mendix 域模型中两个实体之间的关系称为什么？

　　A．Relation

　　B．Association

　　C．Multiplicity

　　D．Entity property

（8）以下哪个数据库元素可用于缩短从表中检索数据的时间？

　　A．验证规则

　　B．事件处理程序

　　C．索引

　　D．枚举

第8章 微　　流

域模型代表应用程序的数据层，页面代表应用程序的表示层，在第 6 章"域模型基础知识"和第 7 章"页面设计基础知识"中，我们已经分别完成了对它们的介绍，接下来自然就是通过微流（microflow）深入研究 Mendix 应用程序的应用和业务逻辑了。

尽管 Mendix Studio 和 Studio Pro 包含许多可以为应用程序提供即时功能的预设按钮，但如果想要使用任何自定义逻辑对其进行扩展，就必须学习如何使用微流。

我们可以将微流视为传统上是文本的程序代码的可视化表示。微流的绘制与可视化图表类似，具有检索和操作数据、创建和修改变量、向用户显示页面等活动（activity）。

本章将学习如何使用正确的命名约定创建微流、如何从页面调用微流，以及使用微流来显示页面。此外，你还将熟悉用于构建微流的各种元素，了解一些关于 Mendix Assist 的知识。Mendix Assist 是基于最佳实践构建微流的 AI 指导过程。

学习完本章之后，你将能够使用 Studio Pro 中的微流为应用程序创建自定义逻辑。

本章包含以下主题。

- ❑　了解常见的微流元素。
- ❑　使用决策来导航应用程序逻辑。
- ❑　在微流中添加注释。
- ❑　使用 Mendix Assist。

8.1　技　术　要　求

本章示例项目可在以下网址的 Chapter08 文件夹中找到：

https://github.com/PacktPublishing/Building-Low-Code-Applications-with-Mendix

8.2　了解常见的微流元素

在前面的章节中，我们已经在处理实体和页面时为应用程序制作了一些小的微流。使用这些微流中的活动（activity）可以执行某些功能，如更改对象的属性或显示页面。

微流活动为 Mendix 开发人员提供了广泛的预设功能，可用于 Mendix 应用程序。对于更专业的开发人员来说，Studio Pro 可以使用自定义 Java 操作进行扩展。感兴趣的读者可以在完整的 Mendix 在线文档中了解更多相关信息。

现在让我们看看一些常见的微流元素。

8.2.1　用事件控制流

你可能已经注意到（如果足够细心的话），在前几章中使用的微流都以绿点开始，并以红点结束。这些点就是事件（event）。

微流从左到右阅读。用文艺青年的话来表述就是：美好的微流从左到右、从上到下阅读，就像美术家引导观众在自己画作上的视线一样。幸福之路顺风顺水，通常从左到右流动，但也有例外，比如遇到挫折（指条件判断出现 false 值）则转头向下。false 值决策将一路向下，同时继续沿着流向右移动，直到它们各自的线与另一个决策点相遇，该过程不断继续，直至微流到达尽头（结束）。

微流有 3 种类型的事件：Start（开始）、Stop（停止）和 Error（错误）。所有微流都必须以 Start 事件开始。可以使用微流编辑器顶部的工具栏或在微流窗口中右击，以向微流添加事件（和其他元素）。图 8.1 显示了一个带有 Change 对象活动的开始事件。

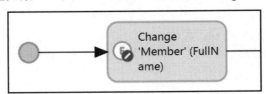

图 8.1　微流开始事件和 Change 对象活动

虽然一个微流中只能有一个开始事件，但却可以有多个 End（结束）事件。结束事件的数量取决于编程到流程中的决策和替代路径的数量。

你可以有常规的结束事件或 Error（错误）事件。错误事件是错误处理流程的终止。错误处理是一个高级主题，可以通过 Mendix 在线文档获得其详细信息。当然，在现阶段，你可以将其视为某些微流元素配置的异常处理流。

图 8.2 显示了 Microflow（微流）工具栏。

图 8.2　Microflow（微流）工具栏

在理解了启动和停止微流之后，不妨再来认识一下对象和列表。

8.2.2　使用对象和列表

如前文所述，域模型中的实体包含数据行。在 Mendix 应用程序中，每一行数据都可以称为一个对象，有多种微流活动可用于处理对象，最常见的是 Retrieve（检索）、Change object（更改对象）、Create object（创建对象）、Commit object（提交对象）和 Delete object（删除对象）。它们的操作看其名称即可一目了然。

微流不是让你构造 SQL 查询来操作对象，而是允许使用更直观的方法来处理数据。你可以检索单个对象或对象列表。图 8.3 显示了 Object（对象）和 List（列表）微流活动。

图 8.3　Object（对象）和 List（列表）微流活动

对数据执行的一些常见操作包括：更改数据，或当用户在你的某个页面上更改数据时保存它。因此，在以下练习中，我们将添加自定义逻辑以在用户单击 Save（保存）按钮时保存新会员及其电话号码列表。

我们可以做些事情来先设置一下应用场景。在第 7 章 "页面设计基础知识" 中，我们在 Member_NewEdit 页面上添加了一个电话号码网格，并带有一个用于创建新电话号码的按钮。我们还创建了一个名为 PhoneNumber_NewEdit 的页面。因此，在本示例中，我们将对 PhoneNumber_NewEdit 进行一些更改，并将自定义逻辑应用于 Save（保存）按钮。

请按以下步骤操作。

（1）在 Mendix Studio Pro 8 中打开 Lackluster Video 项目。

（2）按 Ctrl+G 快捷键启动 Go To（转到）弹出窗口。

（3）输入 PhoneNumber_NewEdit 并按 Enter 键进入此页面。

（4）右击绿色的 Save（保存）按钮，然后选择 Edit On Click Action（编辑单击时事件的操作）选项。

（5）对于 On click（单击时）事件，可从下拉列表中选择 Call a microflow（调用微流）选项。这将展开包含微流选择选项的 Edit Action（编辑操作）框。

（6）在 Microflow（微流）旁边，单击 Select（选择）按钮。

（7）选择 VideoRentals 模块后，单击弹出窗口底部的 New（新建）按钮。

（8）调用新的微流 Act_PhoneNumber_Save 并单击 OK（确定）按钮。

（9）单击 Select（选择）旁边的 Show（显示）按钮，然后单击 OK（确定）按钮关闭 Edit Action（编辑操作）弹出窗口。

你将被带到新创建的带有内置 input parameter（输入参数）的微流。

💡 提示：输入参数

输入参数是给定的微流输入。虽然它们并不总是必需的，但需要多少和哪些类型的输入参数将视具体情况而定。输入参数选项是原始数据类型的，如字符串、整数、布尔值、Mendix 对象和对象列表等。通过 Mendix 在线文档可获得可用输入参数类型的完整列表。

现在我们已经在页面上配置了一个按钮来使用自定义微流。这个微流是空的。请注意在 Studio Pro 的 Errors（错误）面板中生成了一个新警告，这是因为尚未使用输入参数，创建了一个空的微流。一旦我们开始将一些元素放入微流中，这个警告就会清除。

此外，请注意自动放入这个新微流的开始和结束事件。你将在这些点之间构建逻辑。在图 8.4 中，可以看到一个包含输入参数，并具有开始和结束事件的微流。

图 8.4　包含输入参数和开始/结束事件的新微流

如前文所述，这里显示了警告是因为在微流中有一个未被使用的对象。随着我们添加更多活动并使用此输入参数执行某些操作，该警告将自动清除。

8.2.3 在微流中添加活动

现在我们将添加一些活动来保存新电话号码并关闭 PhoneNumber_NewEdit 窗口。请按以下步骤操作。

（1）打开在 Mendix Studio Pro 中新创建的名为 Act_PhoneNumber_Save 的微流以方便进行编辑。

（2）添加一个新活动并选择 Type of Action（操作类型）为 Commit Object（提交对象）。

你可以单击活动，将它拖放到线上以将其链接到流中。

（3）从 Object or List（对象或列表）中选择 PhoneNumber 对象，Refresh in client（在客户端刷新）选中 Yes（是）单选按钮，如图 8.5 所示。

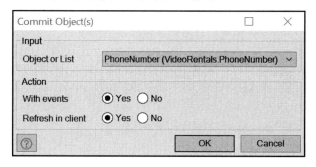

图 8.5 Commit Object（提交对象）对话框

（4）添加第二个新活动并选择 Type of Action（操作类型）为 Close page（关闭页面）。

这将关闭当前打开的页面。在本示例中，就是将关闭 PhoneNumber_NewEdit 页面，并使用户返回到 Member_Edit 页面。

完成的微流如图 8.6 所示。

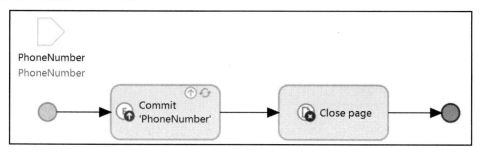

图 8.6 微流：Act_PhoneNumber_Save

上述练习可帮助你为与视频租赁商店会员关联的电话号码对象设置自定义 Save（保存）按钮。接下来，我们将介绍决策逻辑并向微流添加一些验证。

8.3　使用决策来导航应用程序逻辑

决策（decision）将拆分或连接微流中的逻辑流。在决策点，通常会对可能产生多种结果的条件进行某种评估。它可能是 true 或 false，也可能是枚举列表中的选项。其结果甚至可能是一些复杂表达式的计算。

现在，我们将学习如何使用称为决策拆分（decision split）的决策元素来验证会员和电话号码对象上的数据字段，这将确保在保存会员和电话号码时，它们不会有空白数据字段。

8.3.1　保存时验证电话号码

要向 Act_PhoneNumber_Save 微流添加一些验证逻辑，请按以下步骤操作。

（1）导航到 Mendix Studio Pro 8 中的 Act_PhoneNumber_Save 微流。

（2）在微流中右击。

（3）单击 Add（添加）按钮。

（4）单击 Activity（活动）按钮。

（5）双击该活动。

（6）选择 Type of Action（操作类型）为 Create Variable（创建变量）。

（7）将新的 Create Variable（创建变量）活动拖放到 Commit and Close page（提交和关闭页面）活动左侧的线上。这应该将 Decision（决策）元素对齐到流中。

（8）使用值和名称创建一个布尔变量，如图 8.7 所示。

（9）单击 OK（确定）按钮。

（10）在微流中右击。

（11）单击 Add（添加）按钮。

（12）单击 Decision（决策）按钮。

（13）将新的 Decision（决策）元素（由黄色菱形表示）拖放到 Create Variable（创建变量）活动之后，并对齐到流中。

（14）双击黄色菱形打开 Decision（决策）对话框并输入如图 8.8 所示内容。

（15）单击 OK（确定）按钮。

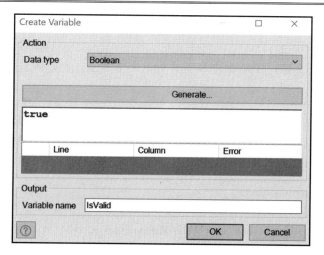

图 8.7　IsValid 变量设置

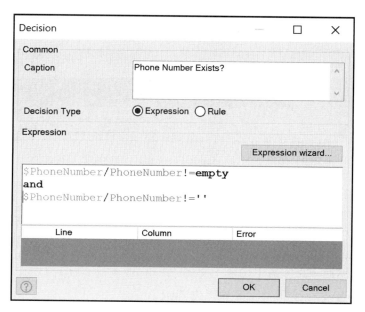

图 8.8　微流中的 Decision（决策）对话框

💡 提示：微流表达式

　　虽然本书并没有深入探讨微流表达式，但你可以在网上找到更多关于它们的文档。微流表达式是用于计算或验证某些条件的 XPath 表达式。在表达式编辑器中按 Ctrl+Enter 快捷键即可查看可用函数的完整列表。

单击 Decision（决策）对话框左下角的帮助图标可查看 Mendix 在线文档（也可以按 F1 键）。

图 8.8 中的表达式是用于验证空字符串的常用表达式。下文将围绕这个概念学习一些更高级的函数。

（16）右击黄色菱形左侧出现的红色箭头，将条件值设置为 true。

（17）单击黄色菱形底部并向下拖动以添加新活动。选择 Validation Feedback（验证反馈）选项并在打开的对话框中进行如图 8.9 所示设置。

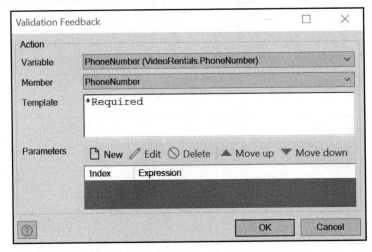

图 8.9　微流中的 Validation Feedback（验证反馈）对话框

（18）单击 OK（确定）按钮。

（19）在 Validation Feedback（验证反馈）活动下添加另一个活动并选择 Change Variable（更改变量）选项。

（20）从 Validation Feedback（验证反馈）活动到 Change Variable（更改变量）活动画一条线，将其添加到序列流中。

（21）更改 IsValid 变量并将其设置为 false。

（22）从 Change Variable（更改变量）活动的右侧画一条线回到主流程并使用合并元素（红色菱形）。此时的微流如图 8.10 所示。

这个微流要做的事情是使用 Decision（决策）来验证电话号码属性并确保它不为空。如果为空，则表达式将导致 false 输出，这将触发验证反馈消息并结束流程而不提交对象。如果表达式返回 true，则微流将继续并提交对象。

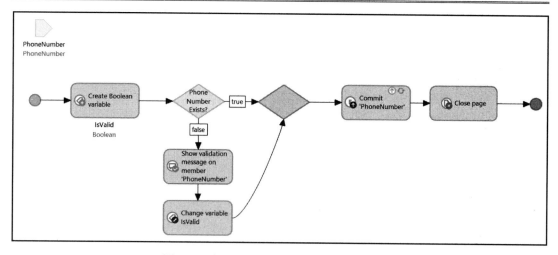

图 8.10　包含验证的 Act_PhoneNumber_Save

接下来，让我们为 PhoneNumberType 属性添加另一个验证检查，然后对 IsValid 特性进行最后检查以确定是否提交对象。

8.3.2　保存时验证 PhoneNumberType

要验证 Act_PhoneNumber_Save 微流中的 PhoneNumberType，请按以下步骤操作。

（1）导航到 Mendix Studio Pro 8 中的 Act_PhoneNumber_Save 微流。

（2）在微流中右击。

（3）选择 Add（添加）选项。

（4）选择 Decision（决策）选项。

（5）将新的 Decision（决策）元素拖到 Commit Object（提交对象）活动之前电话号码空白检查验证为 true 的路径上。

这会将该 Decision 元素嵌入第一个黄色菱形和 Commit Object（提交对象）活动之间的流中。

（6）双击新的黄色菱形打开 Decision（决策）对话框并输入如图 8.11 所示内容。

（7）单击 OK（确定）按钮。

请注意，此处只需要进行 empty 检查。这是由于该特性的数据类型。它是一个枚举值而不是一个字符串。要验证空值，只需要检查 empty 即可。

（8）右击黄色菱形左侧出现的红色箭头，并将条件值设置为 true。

（9）从黄色菱形底部画一条线，并添加一个名为 Validation Feedback（验证反馈）

的新活动，其设置如图 8.12 所示。

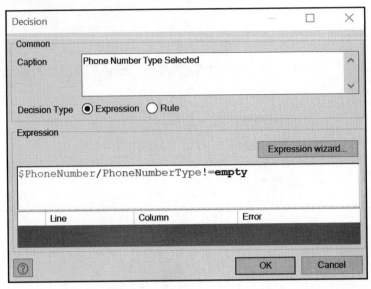

图 8.11　电话号码类型验证的 Decision（决策）元素

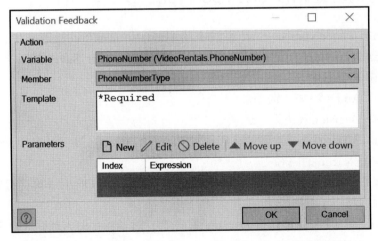

图 8.12　电话号码类型特性的 Validation Feedback（验证反馈）

（10）单击 OK（确定）按钮。

（11）从 Validation Feedback（验证反馈）活动的底部画一条线并添加另一个 Change Variable（更改变量）活动，以将 IsValid 设置为 false，并将流合并回主路径。现在的微流如图 8.13 所示。

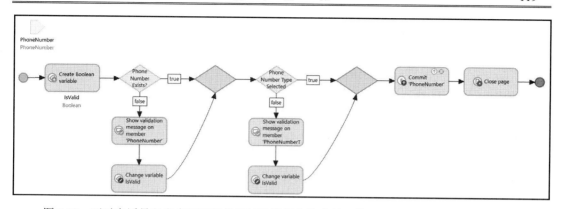

图 8.13 可对电话号码和电话号码类型特性进行空检查验证的 Act_PhoneNumber_Save 微流

8.3.3 添加决策逻辑

如果你足够细心，则会注意到，即使对每个属性的验证检查返回 false 输出，此微流也会提交对象。因此，这里需要做的最后一件事是再次拆分以检查 IsValid 变量的值并确定是否提交对象。

要添加最终决策，请按以下步骤操作。

（1）从 Mendix Studio Pro 的 Lackluster Video 示例项目中打开 Act_PhoneNumber_Save 微流。

（2）在 Commit（提交）活动之前将一个 Decision（决策）添加到主流程中。

（3）双击黄色菱形以修改此 Decision（决策），其设置如图 8.14 所示。

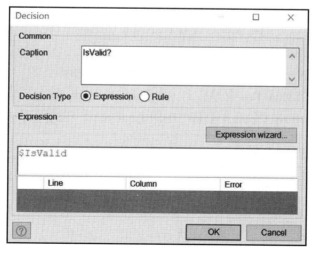

图 8.14 检查 IsValid 变量的决策

（4）单击 OK（确定）按钮。

（5）将黄色菱形流出到 Commit（提交）活动的流的条件设置为 true。

（6）在黄色菱形底部画一条线，并用结束事件终止流。

请注意，Studio Pro 会自动将该黄色菱形设置为 false 流条件，因为它是给定表达式可用的最终条件选项。

现在我们已经有了一个自定义 Save（保存）按钮，可在保存时验证对象的两个字段。

接下来，我们将学习如何在微流中添加注释。

8.4　在微流中添加注释

如果你曾经使用过传统的编码堆栈，则可能会遇到很长的代码块，它几乎没有解释发生了什么。同样的事情也可能发生在微流中。

微流有一系列的蓝色矩形、黄色菱形和绿色圆圈，它们看起来像是一堆花花绿绿的糖块，而不会让你意识到它是一块编程代码。

微流中的注释（annotation）类似于其他编程语言中允许的注释和符号。代码编译器会忽略这些文本块。它们允许开发人员相互留下关于编程逻辑的有意义的消息。所以，一定要好好利用它们！

8.4.1　添加注释

在下面的练习中，我们将向自定义保存微流添加一些注释，这将方便下一个查看此项目的开发人员更好地理解它。

要向 Act_PhoneNumber_Save 添加注释，请按以下步骤操作。

（1）在 Mendix Studio Pro 中导航到 Act_PhoneNumber_Save。

（2）单击 Microflow（微流）工具栏中的 Annotation（注释）图标，如图 8.15 所示。

图 8.15　Microflow（微流）工具栏中的 Annotation（注释）图标

（3）将注释拖放到屏幕顶部，就在输入参数的右侧，并调整其大小以使其跨越整个流程。在这个注释中可以给出该微流所执行操作的一般解释。

（4）添加第二个注释并将一条线从注释拖到两个黄色菱形中，以将注释连接到这些元素。现在微流如图 8.16 所示。

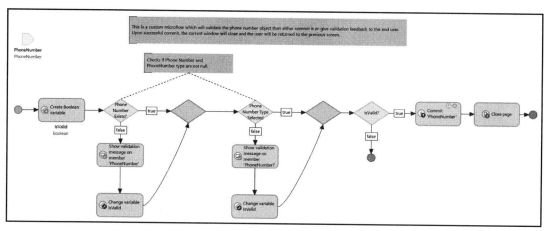

图 8.16 带有注释的 Act_PhoneNumber_Save 微流

现在我们已经完成了带有验证和注释的自定义微流。

接下来，让我们再了解一些关于微流的知识，并从这个微流中提取一个子微流来清理流的可读性。

8.4.2 提取子微流

在构建微流时，首先确保功能正确很重要。Mendix Studio Pro 的一个功能是能够从微流中提取子微流（sub-microflow）。所谓"子微流"，其实就是微流中的一组活动，我们将它们单独提取出来以实现某些特定功能。

Studio Pro 将根据对象在微流中的使用方式自动设置输入和输出参数。但是此功能也是有限制的。例如，你不能提取事件（结束和开始事件），并且选择用于提取的微流元素集必须以单个流结束。

在本练习中，你将从电话号码中提取验证步骤并将微流保存到验证子流中。要提取子微流，请按以下步骤操作。

（1）从 Mendix Studio Pro 的 Lackluster Video 示例项目中打开 Act_PhoneNumber_Save 微流。

（2）使用鼠标在微流的左上角单击，然后拖动鼠标向右和向下选择验证元素，从 Create Variable（创建变量）活动直至最后一个合并元素（红色菱形）。

请注意，还要抓住注释。所选元素将如图 8.17 所示。

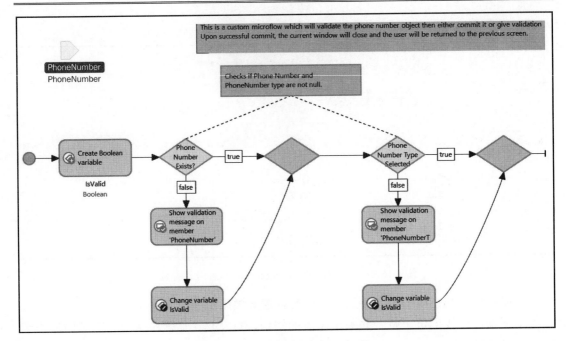

图 8.17　子微流提取的选定元素

（3）右击其中一个元素以显示 Context（上下文）菜单。

（4）选择 Extract submicroflow（提取子微流）选项。

（5）在弹出窗口中，将新的子微流命名为 Val_PhoneNumber。

（6）单击 OK（确定）按钮。

现在你已经有一个自定义的保存微流，其中包含 PhoneNumber 的验证子微流。使用 Studio Pro 来帮助制作这些微流可以确保正确的输入和输出。

使用子微流可以为微流增加一些可读性，并创建一个可重用的组件，以便在应用程序其他需要的地方进行电话号码验证。

重复前面的练习，为 Member 对象创建一个带有验证子流的自定义保存微流，并将这个自定义微流连接到 Member_New 页面上的 Save（保存）按钮。图 8.18 显示了已完成的微流。

图 8.19 是你在上一步中提取的验证子微流。请注意 Studio Pro 如何自动创建输入参数、开始和结束事件，以及 IsValid 布尔值的输出如何返回到父流。

8.5 节将学习如何使用 Mendix Assist 创建 AI 驱动的微流。

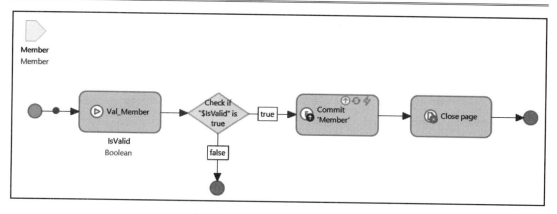

图 8.18 Act_Member_Save 微流

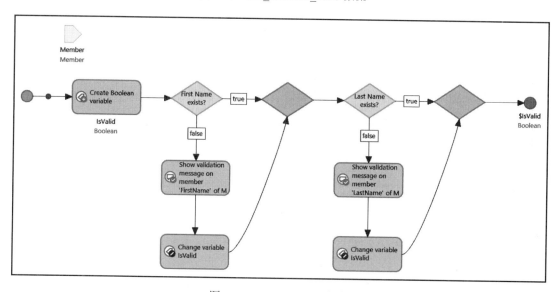

图 8.19 Val_Member 微流

8.5 使用 Mendix Assist

Mendix Assist 是 Mendix 提供的不断丰富的工具包中的最新工具之一，它可以简化开发过程。Mendix Assist 是一种 AI 驱动的引擎，可帮助开发人员做出有关编程的决策。

Mendix Assist 给出的建议数据来自多年来对 Mendix 应用程序的分析和对 AI Assist 进行的 Mendix 最佳实践的训练。你会注意到在微流上出现的蓝点，活动上也会出现一个蓝白相间的小领结图标，如图 8.20 所示。

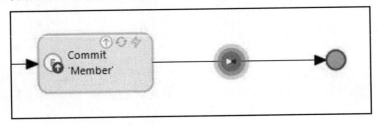

图 8.20　微流中的 Mendix Assist 图标

你可以通过单击这些图标并查看建议的操作来使用 Mendix Assist。Mendix Assist 在选择正确的选项方面具有相当高的成功率，并且随着每天都有新的模型集进行分析，其准确性也将变得更高。Mendix Assist 的选择菜单如图 8.21 所示。

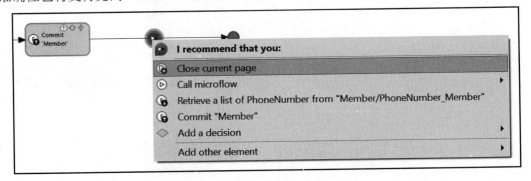

图 8.21　Mendix Assist 选择菜单

如果没有看到 Mendix Assist 图标，那么你需要检查一下建模器（modeler）首选项。其操作步骤如下。

（1）在 Mendix Studio Pro 中，依次选择 Edit（编辑）| Preference（首选项）选项。

（2）在 General（常规）选项卡中，确认选中 Enable Mendix Assist（启用 Mendix Assist）复选框。

要了解有关 Mendix Assist 的更多信息，可以查看 Mendix 在线文档以及来自 Mendix、Mendix Academy 和 Mendix World 等年度活动的视频和资料。

8.6　小　　结

本章详细介绍了如何在 Mendix 应用程序中使用微流创建自定义逻辑。我们探讨了一些常见的微流活动，并创建了一个带有决策逻辑的自定义微流，以在保存时验证你的对象。

本章还介绍了如何在微流中添加注释和使用 Mendix Assist。Mendix Assist 是学习如何构建微流并确保你以正确的顺序选择正确操作的绝佳工具。

完成本章练习之后，你应该已经掌握如何为应用程序创建自定义逻辑以验证数据和保存对象。同时还掌握了如何从父微流中提取子微流，这将使 Studio Pro 可以完成设置输入和输出参数的繁重工作。

在接下来的章节中，我们将学习如何自定义应用程序并使用诸如错误处理和 REST 集成之类的高级概念对其进行扩展。

8.7 牛 刀 小 试

测试你对本章讨论的概念的理解情况。答案将在第 9 章的"牛刀小试"后提供。

（1）微流开始处的绿点叫什么？

    A．Enter 事件

    B．Start 事件

    C．Beginning 事件

    D．Opening 事件

（2）微流中常见的 3 种事件类型是什么？

    A．Enter，End，Pause

    B．Beginning，Middle，End

    C．Start，Stop，Error

    D．Open，Close，Error

（3）判断正误：在微流中，对象要么被单独检索，要么作为多个对象的列表检索。

    A．正确

    B．错误

（4）使用以下哪个对象活动可从数据库中删除对象？

    A．Delete object

    B．Remove object

    C．Erase object

    D．Commit object

（5）可以使用哪个微流活动来根据表达式或其他计算逻辑更改流？

    A．Inheritance split

　　　　B．Decision

　　　　C．Flow changer

　　　　D．Expression split

（6）要向用户返回一条特性验证失败的消息，哪种微流元素最适合？

　　　　A．Error feedback

　　　　B．Attribute feedback

　　　　C．Validation feedback

　　　　D．Message feedback

（7）以下哪个 Mendix 产品是 AI 驱动的引擎，可帮助开发人员做出有关编程的决策？

　　　　A．Mendix Assist

　　　　B．Skynet

　　　　C．Mendix Data Hub

　　　　D．IBM Watson

（8）判断正误：在 Studio Pro 中为 Mendix 微流命名的最佳实践是给名称添加一个有意义的前缀，以表明微流的功能。

　　　　A．正确

　　　　B．错误

第 7 章牛刀小试答案

　　以下是第 7 章牛刀小试的答案。

　　（1）哪个 Mendix 产品可提供页面模板和其他构建块，为你的应用程序页面提供具有标准 Web 元素的现代设计？

　　　　A．页面

　　　　B．小部件

　　　　C．用户体验

　　　　D．Atlas UI

　　（2）是非题：Mendix Studio Pro 提供了构建响应式页面和与特定设备相关的页面的能力。

　　　　A．是

　　　　B．否

　　（3）Studio Pro 中的哪个页面允许你为新页面选择页面模板和导航布局？

  A．Properties

  B．Changes

  C．Create Page

  D．New Entity

（4）如何在 Studio Pro 中更改页面的灰色显示区域？

  A．编辑导航布局

  B．双击灰色区域

  C．编辑页面模板

  D．添加页面

（5）布局网格中列的总宽度不得超过多少？

  A．10

  B．9

  C．12

  D．6

（6）判断正误：要临时从项目中删除页面而不是真正删除它，可以使用 Studio Pro 的 Exclude from Project（从项目中排除）功能。

  A．正确

  B．错误

（7）Atlas UI 建立在哪 3 个设计原则之上？

  A．易用、结构、小部件

  B．简单、和谐、灵活

  C．和谐、易用、布局

  D．简单、灵活、美观

（8）是非题：导航布局可以应用于 Mendix 应用程序中的多个页面。

  A．是

  B．否

第 3 篇

提升应用程序层次

本篇将学习如何使用自定义业务逻辑和规则来增强应用程序，防御出现的不良数据并进行故障排除。

本篇包含以下章节。

- ❑　第 9 章，自定义应用程序。
- ❑　第 10 章，错误处理和故障排除。
- ❑　第 11 章，存储数据。
- ❑　第 12 章，REST 集成。
- ❑　第 13 章，内容回顾。

第 9 章　自定义应用程序

本章将深入探讨打开页面和保存记录之外的内容。我们将仔细研究添加自定义业务逻辑和规则以推动用户体验和功能的提升。我们会将你的用户故事（应用程序需求）转化为有效的、可导航的应用程序，让你的开发更上一层楼。

为了帮助实现目标，本章将讨论以下主题和概念。

❏　函数和表达式——我们将讨论有助于处理和操作字符串属性、整数、枚举和日期时间属性的函数。此外，本章还将探索用于同时处理多个数据点的关系表达式，例如，查找两个整数之间的差值。

❏　子微流——你可能知道什么是微流，但什么是子微流？
　　在第 8 章 "微流" 中，我们提取了微流中的一组活动来创建子微流。但为什么要这样做呢？本章将深入阐释子微流的概念，我们应该如何善用它们，以及为什么使用它们很重要。

❏　可配置的设置——应用程序的需求将随着时间的推移而发生变化，因此，对应用程序中使用的某些设置保持灵活性就变得非常重要。本章将探讨如何在运行时配置设置，以便随着应用程序的发展，计算和业务逻辑可以更加灵活和具有可扩展性。

❏　Java 操作——虽然 Mendix 提供了数量惊人的原生功能，但很多时候仍有必要将应用程序的功能扩展到现有功能之外。自定义 Java 操作允许更高级别的自定义和可扩展性。本章将讨论一些用例并向你指出一些重要的资源。

本章包含以下主题。

❏　将 Mendix 函数应用于各种特性类型。

❏　理解和使用子微流。

❏　创建和使用可配置的设置。

9.1　技 术 要 求

本章示例项目可在以下网址的 Chapter09 文件夹中找到：

https://github.com/PacktPublishing/Building-Low-Code-Applications-with-Mendix

9.2　享受 Mendix 函数和表达式的乐趣

利用 Mendix 现成的函数和表达式，你可以真正开始享受数据和业务逻辑的乐趣。你可以利用它们构建验证和业务规则/逻辑，并真正自定义用户体验。

一般来说，可以将函数和表达式视为以某种方式操作给定数据的方法，例如，将它与另一个输入参数进行比较等。

Mendix 提供了许多函数和表达式，它们可能与你在传统语言中或在 Microsoft Excel 等应用程序中看到的函数和表达式相似。无论如何，在 Studio Pro 中了解它们的用途和语法都非常重要。当然，掌握在微流中构建验证或规则时与它们交互的方法也很重要。

本书无意讨论 Mendix 提供的所有函数或表达式。相反，我们仅介绍一些最常用的函数和表达式，以及使用它们的方法。有关所有可用函数和表达式的完整列表，请查看 Mendix 提供的参考指南，其网址如下：

https://docs.mendix.com/refguide/expressions

接下来，我们将分别讨论字符串、整数、日期和时间、枚举和关系表达式的函数和表达式。我们将简要讨论每个函数的作用，并提供相应的示例，建议你在 Studio Pro 中多做尝试，掌握它们并不困难，并且它们在实际开发中将带来更多乐趣。

9.3　字符串函数

字符串函数是应用程序业务逻辑与字符串交互的一种方式。这些函数可以执行各种逻辑来操作、更改和提取值，以及组合多个字符串等。现在让我们仔细看看其中一些更常用的函数。

9.3.1　转换大小写

toLowerCase 和 toUpperCase 函数调用执行的操作完全符合它们的名称所表示的含义。使用时，它们会将任何字符串转换为全部大写（toUpperCase）或全部小写（toLowerCase），图 9.1 显示了这些函数调用的示例。

示　例	返　回　值
toLowerCase('hereISaRANDOMString')	'hereisarandomstring'
toUpperCase('hereISaRANDOMString')	'HEREISARANDOMSTRING'

图 9.1　toLowerCase 和 toUpperCase 函数应用示例

当尝试对从用户一方收集到的数据进行标准化或尝试比较单独的值以查看它们是否相等时，这些函数非常有用。

9.3.2　字符串长度

length 函数将返回传递给它的字符串中的字符数。图 9.2 显示了此函数的示例。

示　例	返　回　值
length('hereISaRANDOMString')	19

图 9.2　length 函数应用示例

此函数可用于确保用户输入的数据满足最少字符数或检查一个字符串是否大于/小于另一个字符串。

9.3.3　子串

substring 函数可以从传入的字符串中返回一个字符串。例如，此函数可用于确定某人名字的首字母是什么。其应用示例如图 9.3 所示。

示　例	返　回　值
substring('Hello World', 3)	'lo World'
substring('Hello World', 7)	'orld'
substring('Hello World', 0,5)	'Hello'
substring('Hello World', 6,2)	'Wo'
substring('Hello World', 27)	ERROR

图 9.3　substring 函数应用示例

ⓘ 注意：

如果你尝试使用的起点或长度大于字符串的实际长度，则会导致错误。因此，如果打算使用此函数，则必须牢记这一点。

此函数的应用有两种不同的变体。在图 9.3 中可以看到，在前两个示例中，将从特定位置开始并返回字符串其余部分的子串，而接下来的两个示例则有第三个参数，指示返回的子字符串的长度。

9.3.4　查找

使用 find 函数可以搜索给定的字符串以查看它是否包含某个值。如果找到该值，则函数将返回该值在字符串中的起始位置；如果未找到该值，则返回值-1。

图 9.4 显示了 find 函数应用的一些示例。

示　　例	返　回　值
find('Hello World', 'World')	6
find('Hello World', 'Goodbye')	-1
find('Hello World', 'o',6)	7

图 9.4　find 函数应用示例

find 函数可用于定位字符串中的值或检查它是否存在。此函数可以与 substring 函数配合使用，效果很好。

9.3.5　包含

contains 函数可检查给定的字符串是否包含特定值。该函数与之前描述的 find 函数非常相似。不同之处在于此函数返回一个布尔值。该函数可通过相互比较两个字符串来检查值是否包含在字符串中，其应用示例如图 9.5 所示。

示　　例	返　回　值
contains('Hello World', 'World')	true
contains('Hello World', 'world')	false
contains('Hello World', 'o')	true

图 9.5　contains 函数应用示例

注意：

contains 函数区分大小写。

9.3.6　全部替换

replaceAll 函数完全符合其名称的含义。它将替换正在检查的字符串中包含的所有特定值或表达式。该函数有 3 个参数，第一个是要转换的字符串，第二个是要替换的值，第三个是希望用其替换第二个值的值。图 9.6 显示了其应用示例。

示　　例	返　回　值
replaceAll('Hello World', 'World','Galaxy')	'Hello Galaxy'
replaceAll('Hello World', 'world','Galaxy')	'Hello World'
replaceAll('Hello World', 'Hello','')	' World'
replaceAll('Hello World', 'l','')	'Heo Word'

图 9.6　replaceAll 函数应用示例

ⓘ 注意：

replaceAll 函数区分大小写。

replaceAll 函数可能的用例是从字符串中删除一个或多个特定字符。

9.3.7　字符串连接

字符串连接（string concatenation）函数（+）可视为一种将两个或多个字符串相加以形成新字符串的方法。

它可能的用例是连接用户的名字和姓氏属性以形成"全名"属性，并将用户的街道地址与其城市、省份和邮政编码组合以形成完整地址。

图 9.7 显示了字符串连接函数（+）的应用示例。

示　　例	返　回　值
'Hello' + 'World'	'HelloWorld'
'Hello' + '' + 'World'	'Hello World'
'Hello' + ' Big ' + 'World'	'Hello Big World'

图 9.7　字符串连接函数（+）应用示例

9.3.8　URL 编码/解码

urlEncode 函数本质上是使正在编码的字符串安全地包含在 URL 中，并以一种可以通过 Internet 发送的方式对其进行格式化。在不涉及其背后的计算机科学的情况下，该函数基本上只是用%替换所谓"不安全的"美国信息交换标准代码（American standard code for information interchange，ASCII）字符，然后添加两个十六进制数字。

urlDecode 函数的操作与 urlEncode 函数完全相反。它将获取编码值并将其转换成人类可读的结构。图 9.8 显示了它们的一些应用示例。

示　　例	返　回　值
urlEncode('Hello World')	'Hello+World'
urlEncode('Hello, World!')	'Hello%2C+World%21'
urlDecode('Hello%2C+World%21')	'Hello, World!'

图 9.8　urlEncode 和 urlDecode 函数应用示例

这些函数可在 API 需要处理 URL 时使用。当你不确定将使用的值时（因为你的值可能来自用户的输入），它们特别有用。

9.3.9　解析整数

parseInteger 函数可尝试将给定的字符串转换为整数。

当数据库中有一个字符串特性实际上包含一个整数值时（这也许是用户错误输入或由外部资源提供的内容），该函数即可派上用场。

字符串特性可能读作 100，但对于应用程序来说，它不是一个数字，而是一个包含字符 1、0 和 0 的字符串，因此你不能使用它和其他数字相加。要对该值执行任何数字操作之前，则必须先将其转换为整数。

图 9.9 显示了 parseInteger 函数的应用示例。

示　　例	返　回　值
parseInteger('100')	100
parseInteger('100S')	error

图 9.9　parseInteger 函数应用示例

🛈 注意：

parseInteger 函数可以将字符串转换为整数。但是，如果字符串包含非数字字符，则会导致错误。

9.3.10　截除

trim 函数可删除字符串开头和结尾的所有空格。这个函数在处理用户输入的数据时非常有用。图 9.10 显示了该函数的一些应用示例。

示　　例	返　回　值
trim(' Hello World ')	'Hello World'
trim('　　')	''

图 9.10　trim 函数应用示例

它会删除字符串开头和结尾的所有多余空格，以便确保数据以字符开头和结尾。

9.4　整数函数

使用整数时，通常需要对它们执行各种操作。例如，可能需要计算两个整数的总和、将整数转换为字符串值等。本节将介绍一些常用整数函数，它们将使你能够更全面地处理整数。

9.4.1　算术/数学表达式

这些常见的数学表达式与你在小学阶段学到的并没有什么不同：加法、减法、乘法和除法。尽管它们很简单，但不要低估它们的作用。

- ❑　加法用+表示。
- ❑　减法用–表示。
- ❑　乘法用*表示。
- ❑　除法用 div 或:表示。

ℹ️ 注意：

如果需要，可以将这些数学表达式组合起来形成更长的、类似代数的表达式。请记住，Studio Pro 考虑了标准的数学运算顺序。例如，乘法在加法之前处理，括号内的表达式将被优先处理，等等。

图 9.11 显示了算术表达式的一些示例。

示　　例	返　回　值
3+6	9
9-6	3
3*4	12
12div4 或 12:4	3
20+5:5	21
(20+5):5	5

图 9.11　算术表达式示例

数学运算在很多地方都可以用到，兹不赘述。

9.4.2　最大/最小值

max 和 min 函数可执行彼此完全相反的操作。max 函数将返回一组给定数字中的最大数字，而 min 函数则将返回一组给定数字中的最小数字。

这一对函数的应用场景很多。例如，当你需要确定考试成绩的最高分或最低分时，或确定某个区域的最高温度和最低温度时。

图 9.12 显示了 max 和 min 函数的应用示例。

示　　例	返　回　值
max(1,2,5,3,9.9,7)	9.9
min(36,76,19,28,33)	19

图 9.12　max 和 min 函数的应用示例

ℹ️ **注意:**

此函数有可能返回整数或小数。最好在变量中设置返回值以使用小数。否则，如果返回小数并尝试写入整数特性，则会有出错的风险。

9.4.3　取整

Mendix 支持 3 个取整函数，分别是 round、floor 和 ceil。它们执行非常相似的操作。其中，round 函数会将数字四舍五入到最接近的给定小数位。默认情况下，没有附加参数时，它将四舍五入到最接近的整数。floor 函数会将小数向下舍入到最接近的整数，而 ceil 则会向上取整到最接近的整数。

这些函数各有不同的应用场景。图 9.13 显示了它们的一些应用示例。

示　　例	返　回　值
round(2.2)	2
round(2.5)	3
round(4.67643,2)	4.68
ceil(3.11)	4
floor(7.99999)	7

图 9.13　round、floor 和 ceil 函数应用示例

9.4.4　将整数转换为字符串

ToString 函数可尝试将整数转换为字符串。

当你需要将数学表达式的结果添加到字符串特性的末尾时，即可使用该函数。

图 9.14 显示了该函数的应用示例。

示　　例	返　回　值
ToString(1)	'1'

图 9.14　toString 函数应用示例

ⓘ 注意：

当整数值可能为空时，可以考虑用 if 语句包装它。因为如果整数为空，toString 函数可能会返回一个空白或空值，向字符串添加一个空白或空值实际上并没有用，而最大的问题是，它还可能向最终用户显示类似乱码的字符串。

接下来，让我们继续看看其他函数。

9.5　日期和时间函数

日期和时间函数允许你与 DateTime 数据进行交互。一般来说，在处理日期时，需要从给定日期计算特定天数、减去天数或比较两个日期。这些函数将使你有能力做到这一点。我们不妨来看看几个常用的函数。

9.5.1　addDays、addMonths 和 addYear

这些常用的 DateTime 函数将向给定日期添加一定数量的天、月、年等。添加的可用单位范围从毫秒一直到数年。

其可能的用例是将租金缴交日期设置为从当前日期起 2 周，或者将季票的到期时间设置为从今天起 1 年或从年初起 6 个月。

ⓘ 注意：

没有与 addDays、addMonths、addYear 相对应的 subtractDays、subtractMonths 或 subtractYears（或任何其他减法）函数。为了从日期中"减去"一个特定的度量单位，可以用一个负数来表示它。有关详细信息，可参考函数应用示例。

图 9.15 显示了 addDays 和 addYears 函数应用示例。

示　　例	返　回　值
addDays(dateTime(2020,1,3),4)	2020-01-07
addDays(dateTime(2020,1,3),-4)	2019-12-30
addYears(dateTime(2020,1,3),4)	2024-01-03

图 9.15　addDays 和 addYears 函数应用示例

9.5.2　日期 Between 函数

日期 Between 函数可计算两个给定日期之间的给定单位，可用单位范围从毫秒一直到星期，如 millisecondsBetween（毫秒之间）、secondsBetween（秒之间）、minutesBetween（分钟之间）、hoursBetween（小时之间）、daysBetween（天之间）和 weeksBetween（星期之间）。

图 9.16 显示了 daysBetween 函数应用示例。

示　　例	返　回　值
daysBetween(dateTime(2020,1,3),dateTime(2020,1,7))	4
daysBetween(dateTime(2020,1,3),[%CurrentDateTime%])	计算当前日期与 2020 年 1 月 3 日之间相差的天数，因此，具体返回值将取决于当前日期

图 9.16　daysBetween 函数应用示例

日期间隔也有很多应用场景，例如计算一本书从作者交稿到印刷出版所需的时间。

9.6　枚　举　函　数

枚举函数（enumeration function）允许应用程序与枚举及其各自的值进行交互。枚举本质上是只能包含在数据库中确定的预定义值的字符串。有时，与这些值进行交互很重要，并且了解允许你这样做的函数也很重要。

常见的枚举函数是 getCaption，该函数可返回枚举的字符串标题。它可能的用例是向最终用户显示标题值或将所做的选择写入日志。

图 9.17 显示了 ENU_Example 枚举的属性窗口。

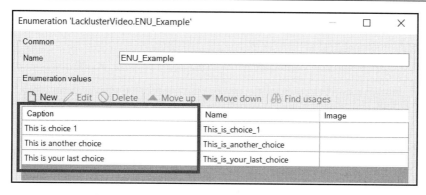

图 9.17　突出显示枚举值标题的枚举属性窗口

可以看到，图 9.17 中的框选区域突出显示了将在使用 ENU_Example 枚举的属性上返回的 Caption（标题）值。

9.7　关系表达式

有许多关系表达式可用于各种特性和数据类型。它们可用于执行各种任务以比较两个数据点。表 9.1 显示了不同类型的关系表达式。

表 9.1　Mendix 支持的关系表达式

关系表达式	含　　义
>	大于
<	小于
<=	小于或等于
>=	大于或等于
=	相等
!=	不相等

关系表达式可用于比较两个值。它们可以与数值、字符串或日期时间一起使用。

例如，可以使用它检查一个日期是否早于另一个日期，查看两个数字是否相等，或者查看两个字符串是否完全一致，等等。

🛈 注意：

无论你使用什么数据类型，关系表达式始终返回一个布尔值。

图 9.18 显示了关系表达式的一些应用示例。

示　　　　例	返　回　值
dateTime(2020,1,3)<dateTime(2020,1,9)	true
'MyString'='MyString'	true
4!=5	true

图 9.18　关系表达式的一些应用示例

至此，我们已经讨论了包括字符串、整数、日期时间和枚举在内的常用函数，以及如何使用关系表达式比较值。当开始处理数据并需要执行不同级别的业务逻辑时，这些不同的函数和表达式将变得非常重要。最好在学习的早期就掌握它们的用法。如前文所述，这些内容并不困难，在 Mendix 的实际应用中尝试使用它们很重要，这可以加深理解。

接下来，我们将仔细研究 Studio Pro 的另一个非常重要的核心功能：子微流。随着你继续了解更多的关于 Mendix 和 Studio Pro 的最佳实践，以及项目范围的不断增长，了解子微流的概念以及如何使用它将是非常重要的一课。

9.8　理解子微流

子微流（sub-microflow）简单理解其实就是从一个微流中调用另一个微流的术语。随着应用程序的增多，你无疑需要在应用程序中实现这种类型的逻辑，并且需要更复杂的业务规则和验证。考虑到这一点，熟悉子微流的概念并确定何时利用其能力是有意义的，这一点非常重要。

我们可以将子微流视为可重用代码，这是最简单直白的理解方式，因为"可重用"这个概念在编码和软件开发领域并不是什么新鲜事。当然，考虑到 Mendix 是"低代码"开发平台，很多公民开发者（citizen developer）可能具有较少的编程经验，因此也许是第一次听说"可重用"术语。但是，无论你的编程水平如何，别担心，因为这并不影响你理解和使用子微流。

如前文所述，Mendix 的一大好处是易于上手且可以立即开始构建。几乎任何人，无论他们的知识背景如何，都可以做到这一点。在几分钟内，你就可以构建一个应用程序并在本地运行它。花上几分钟时间，你就可以让若干个微流来处理一些不同的应用程序逻辑。当然，如果不加以检查和控制，简单微流也很容易膨胀成一个庞然大物。有人在微流中加入了 185 个操作，处理 47 种不同的逻辑和功能。这样的事情一直在发生。

对于大规模的复杂微流来说，它将变得非常难以阅读、理解和维护。对于创建它的开发人员来说，也许还好一点，毕竟这样的微流是他自己一点点构建出来的；但是，如果该程序在几个月或几年后换了维护人员,那么它对于新的开发人员来说简直就是噩梦一般的存在。值得庆幸的是,有很多方法可以帮助缓解这种情况。其中一种方法是利用子微流。

使用子微流有很多原因和实际好处。本节将讨论其中一些主要原因以及由此产生的好处。我们将重点讨论对相似的功能和逻辑进行分组的重要性,以及随着时间的推移,如何在整个应用程序中提高微流的可重用性。当然,随着应用程序和业务规则的扩展,从可读性的角度来看,利用子微流就变得非常重要。

在我们的讨论中,使用子微流主要有以下 3 个原因。

❑　分组相似的功能或逻辑。

❑　可重用性。

❑　提高大型复杂微流的可读性。

9.8.1　分组相似的功能或逻辑

开始创建子微流的最简单的方法之一是查看现有的微流。你可能会注意到有很多执行类似功能或逻辑的区域,对微流的这些部分进行分组是一个好主意。这个概念的一个常见示例是执行自定义验证。例如,你可能有一个面向用户的输入屏幕,并且正在向用户请求一些基本信息。最可能的是,你最终会构建一些自定义验证以确保用户输入有效数据,而将这些验证分组到一个子微流中无疑是非常明智的做法。

9.8.2　可重用性

当你开始构建应用程序时,很快就会发现经常需要在应用程序的不同领域执行类似的功能。如前文所述,自定义验证微流是一个很大的流。你可能会发现有一个供用户输入信息的表单,并且也可能有一个供内部员工访问的编辑页面。员工可能需要不时编辑数据,这可能是检查拼写错误或更新客户的信息。根据员工及其被允许编辑的数据,你可能希望员工保存记录时执行的验证与客户最初填写表单时执行的验证相同。如果你没有利用子微流来处理这个问题,那么维护和保持这种一致性将变得非常困难。也许在一开始时因为字段很少,所以你并不觉得困难,但是如果后来需要添加越来越多的新字段呢?又或者决定不再需要某些字段呢?可以想见的是,它很快就会变得非常复杂,让人头大如斗。

关于何时需要在整个应用程序中重用逻辑部分,还有无数其他示例可以表明。这里的思路不是要讨论每一个可能的用例,而是让你了解这个概念。在构建应用程序时,这个关于"可重用性"的想法应始终存在于你的脑海中,这一点非常重要。理想情况下,你甚至应该在第二次(或更多次)需要使用到微流之前就意识到可重用的机会。随着经验增长和理解的深化,你可能一开始就考虑到功能分组和创建子微流的问题。

9.8.3　提高大型复杂微流的可读性

如前文所述,新手很容易让微流失控和膨胀。事实上,Mendix 在其文档中建议微流不应多于 25 个元素。这些元素包括操作活动、决策拆分、循环等。当然,这并不是硬性规定,而应像任何事情一样视具体情况或者条件而定。一般来说,Mendix 的建议是一个非常好的起点,在构建应用程序时你应该下意识遵守。

如果确实需要更多元素,子微流则可以帮助你解决这个问题。你应该寻找机会在子微流中追溯性地分组功能。重要的是,记住使你的主微流保持适度大小和更具可读性。

这样做了之后,未来你自己会感谢现在的你!

除子微流外,还可以考虑其他方法。其中一种方法是使用可配置设置。这也是接下来我们将要详细讨论的内容。

9.9　使用可配置的设置

可配置设置(configurable settings)其实就是在运行时修改应用程序中的配置和设置的一种方式。换句话说,应用程序不需要关闭以更改常量的值,或者不需要等待数天或数周(取决于你的冲刺计划)让开发人员更改硬编码值;只需让它通过质量保证(quality assurance,QA)流程并在生产中发布即可。

9.9.1　可配置设置的意义

现在我们可以通过一个简单的示例来阐释可配置设置的意义。

假设你有一个应用程序,用来处理注册各种课程的学生。业务团队给了你一个要求,即"每个学生每学期最多只能注册 3 门课程"。你可能会想,这简直太容易实现了。于是,很快你就将一些逻辑放在一起,这些逻辑可以获取 Semester(学期)、Student(学生)和学生注册的 Course(课程),然后计算一下课程数,检查数字是否大于 3 即可。图 9.19 显示了这项基本验证的样子:

搞定!你的工作通过 QA,你的产品经理很高兴,业务人员也很高兴,并且该更改随着冲刺计划一起发布到生产环境中!

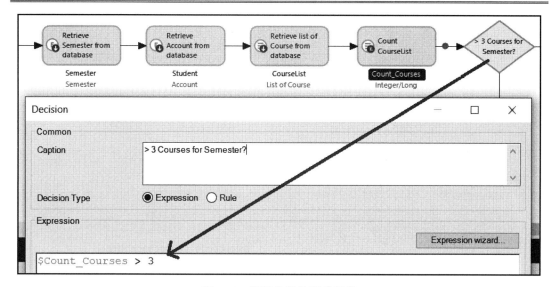

图 9.19　用于比较的硬编码值

　　几个星期过去了，现在你已经完全忘记了这项更改，并一直在为下一个冲刺计划而努力。但是你的业务团队提出了一项紧急请求，他们意识到几周前提出的要求是错误的，他们的意思是要求限制为 4 门课程，而不是 3 门。

　　这项更改需要立即执行，因为该大学每周在招生方面损失数百万元。当然，你可以将自己手头的工作暂时停下，然后加班加点创建补丁并对其进行测试和发布。所有这些确实都可以完成，而且也会很快完成。但是想象一下，现在业务团队又跑来告诉你他们想把它改成 5 门课程，然后是改成 3 门，再然后是 6 门，你是不是要疯？没有人愿意每隔几周就这么来一次，只是为了不断进行此更改。

　　如果我们引入可配置设置的概念，每个学期的最大课程数量可以由任何具有适当访问权限的人按需更改，那么一切就都迎刃而解了。

9.9.2　创建可配置设置的实体

　　除了上面介绍的课程数用例，其实很多应用场景都非常需要使用这种可配置设置。例如，假设你需要为某银行开发应用程序，那么像利率这样的值就必须是可配置的，因为利率的变化更加频繁。

　　虽然有多种方法可以实现这一点，但最简单的方法仍是在域模型中创建某种 ConfigurableSettings 实体。该方法的操作演示如下。

　　（1）添加一个特性来存储你需要的值，如图 9.20 所示。

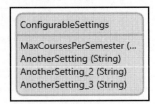

图 9.20　域模型中的 ConfigurableSettings 实体示例

（2）在微流中检索 ConfigurableSettings 实体并使用新特性的值进行比较和验证，如图 9.21 所示。

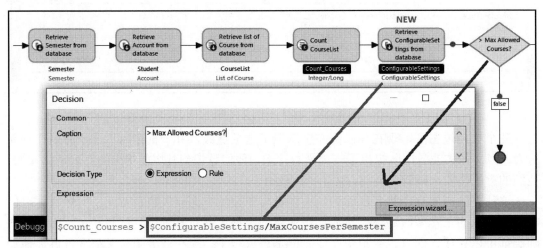

图 9.21　动态值比较

（3）添加一个编辑页面，以便用户可以操作该特性的值，如图 9.22 所示。

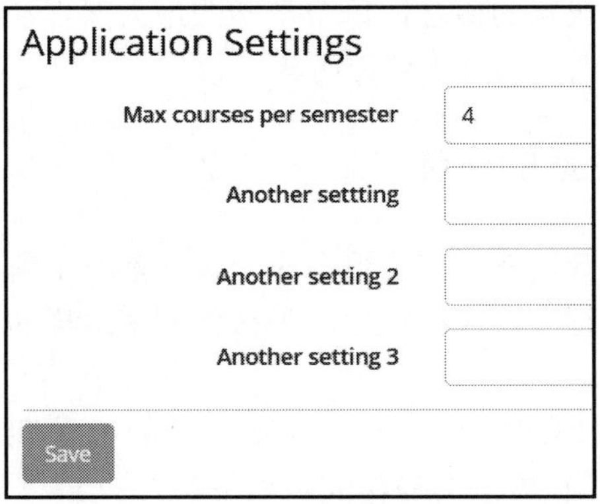

图 9.22　程序运行时在编辑页面上编辑的可配置设置

现在你的逻辑将检查课程并将它们与特别设置的任何值进行比较。用户再也不必要求你更改最大课程数了，因为他们自己就可以登录并进行调整。

当然，这只是应用可配置设置概念的一个简单示例，还有其他一些实现这个思路的方法，本示例也只是为了介绍这个概念。毫无疑问，在你参与的每个项目中，都会发现此类逻辑的许多用例。

除 Mendix 的现有功能之外，你可能还会遇到需要将应用程序的功能扩展到超出微流可以构建的范围的情况。别怀疑，你不是第一个有这个愿望的开发者。幸运的是，Mendix 通过利用 Java 可以非常轻松地扩展你的应用程序。

在 Mendix 的应用程序商店中有一些很棒的模块可以提供此帮助。接下来，让我们仔细研究其中的几个模块。

9.10　Java 操作和模块

Java 操作是使用 Java 代码扩展 Mendix 应用程序功能的好方法。Java 操作可处理在给定标准 Mendix 功能下做不到的功能，也可以在微流中构建非常困难和烦琐的功能。

实际上，你所需要的任何功能都可以用 Java 操作来构建。当然，它也有一个缺点，那就是你需要首先了解 Java 才能开始构建自己的 Java 操作。为了在一定程度上缓解这个问题，Mendix 推出了一些出色的应用商店模块，你可以将它们下载到你的大多数项目中。现在我们就来看看这些模块。

9.10.1　社区公共函数库

首先要介绍的是社区公共函数库，其名称为 Community Commons Function Library，如图 9.23 所示。

图 9.23　Mendix 应用程序商店中的社区公共函数库

它几乎是必备的模块。如果你还没有，则可以打开 Mendix 应用程序商店，把它添加到你的项目中。具体安装方法详见 5.3.2 节"从 Mendix App Store 安装模块"。该模块包含大量有用的 Java 操作，可帮助你处理各种用例。简要介绍如下。

❑　EncryptString 和 DecryptString：顾名思义，它们可用于加密和解密。这两个操作互补且易于使用。你只需将 Java 操作与加密密钥一起传递给你想要加密的字符串，它就会返回所传递字符串的加密版本。此方法非常适合处理敏感数据，尤其是需要在 API 中公开时。

❑　GetApplicationURL：此操作将返回应用程序的运行时 URL。

❑　DuplicateFileDocument：此操作可将一个文件文档的内容复制到另一个文件中。

❑　ObjectHandling 和 FileHandling 模块：它们都是上述社区公共函数库模块的子集。如图 9.24 所示。如果你只需要社区公共函数库模块中的一部分，并且不想或不需要将整个模块导入你的项目中，那么上述模块绝对值得一试。

图 9.24　Mendix 应用程序商店中的 ObjectHandling 和 FileHandling 模块

接下来，让我们实践一下本章中讨论过的概念和想法。在第 8 章 "微流" 中，构建了一个名为 Act_Member_Save 的微流和一个名为 Val_Member 的子微流，现在我们要做的就是以此为例扩展微流并添加一些额外的特性来尝试之前讨论的一些概念。

9.10.2　附加验证

在向数据添加一些额外的验证之前，可添加更多的数据来进行处理。要添加更多数据，请按以下步骤操作。

（1）在 Member 实体上，添加以下特性。

❑　Email（字符串）。

❑　Rating（具有以下枚举值：Platinum、Gold、Silver 和 Sketchy）。

❑　Birthday（日期和时间）。

（2）在 Member 验证微流中，为新特性添加验证，以确保用户为它们输入了正确的值而不能留空。

请注意，Member 验证微流（Val_Member）是 8.4.2 节 "提取子微流" 中介绍过的练习。如果你无意中忽略了创建图 8.18 和图 8.19 中提到的任何一个微流，请立即返回创建它们。

🛈 注意：

在创建微流时保留名字和姓氏的验证。

（3）在创建完图 8.18 中的验证微流之后，将新属性［即 Email（电子邮件）、Rating（会员等级）和 Birthday（生日）］添加到 Member_NewEdit 页面，以便你可以输入值并测试新的验证。

ℹ️ **注意：**

Member_NewEdit 页面是在第 7 章"页面设计基础知识"中创建的。请参阅与图 7.7 相关的步骤，然后使用与图 7.19 相关的步骤进一步修改页面。

现在你应该有一个页面，可以在其中输入 Members 实体上所有特性的值。当你单击 Save（保存）按钮时，应调用验证微流，并且你的验证应确保你的用户为所有必填字段输入数据。

ℹ️ **注意：**

上述操作步骤是特意给你留下的，这是为了测试你对本章和前几章有关添加简单验证和向页面添加特性等知识的理解。如果有任何不确定或疑问，请参阅以下网址中的本章项目示例：

https://github.com/PacktPublishing/Building-Low-Code-Applications-with-Mendix

在完成之后，让我们继续下面的操作，因为业务用户的需求发生了变化。

9.10.3　不断变化的需求

现在你的简单验证已经完成，但是，业务人员又找你来了，他们提出了新的需求。现在的要求是"会员必须至少年满 18 岁才能注册申请"。怎么办？

当有一个需求出现时，即使看似非常简单，你也应该停下来思考可能的解决方案。提出你自己的问题，并从提出请求的人那里得到更明确的需求说明总是好的。

退一步说，即使只是在你的脑海中进行这种练习，也可能会让你将来省去很多麻烦，并且可能会影响你提出的解决方案。

现在，让我们完成满足此要求所需的步骤。

遗憾的是，直到 Studio Pro 8.15 版本，Mendix 也没有原生的 yearsBetween 函数。当然，随着 Studio Pro 8.15 的发布，引入了 calendarYearsBetween 函数。在 8.15 版本之前，Mendix 开发人员通常需要利用 CommunityCommons 模块中的 Java 操作来解决此类问题。

对于接下来的练习，请按照以下步骤将 CommunityCommons Java 操作添加到你的微流并调用 YearsBetween 操作。

（1）在检查空生日值的独占拆分后添加 Java 操作，如图 9.25 所示。

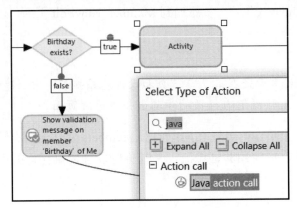

图 9.25　向微流添加 Java 操作

（2）在弹出窗口中，单击 Select（选择）按钮并搜索 YearsBetween，如图 9.26 所示。

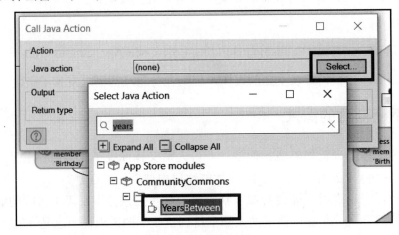

图 9.26　选择 Java 操作

（3）在弹出窗口中，输入如图 9.27 所示的值。

（4）为 YearsBetween Java 操作配置所有设置后，单击 OK（确定）按钮。

（5）现在添加一个独占拆分来检查 YearsBetween Java 操作的结果是否大于或等于 18，如图 9.28 所示。

（6）添加验证消息并确保将 isValid 变量更改为 false。

现在，你的验证微流在保存会员时会验证该会员是否年满 18 岁。

当你在应用程序上尝试执行此操作时，应该会看到类似图 9.29 中所示的验证消息。

当然，根据你选择的日期以及你阅读和测试的日期，它可能会略有变化。

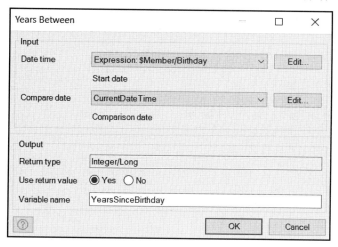

图 9.27　为 Java 操作设置输入参数

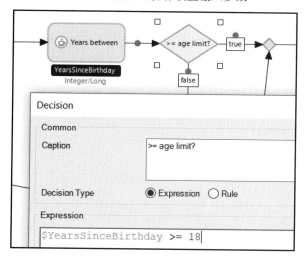

图 9.28　被比较的硬编码值

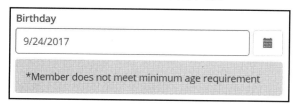

图 9.29　验证消息

效果非常棒，对吧？！先别高兴得太早！现在，让我们想象一下，你在这个程序的开发上付出了难以置信的努力，它通过了 QA，通过了用户验收培训，并被部署到生产中，结果 3 周后，副总裁想要让会员的年限降低为年满 16 岁！好吧，你可以创建一个快速补丁并将硬编码检查更改为 16，搞定。但是，几个月之后，副总裁又改变了主意，并且他明年还可能再次改变主意，因此，你需要一个可配置的设置来摆脱这种反复修改的痛苦。

9.10.4　使用可配置设置应对需求

请按照以下步骤操作。

（1）在项目中添加一个新模块，命名为 Configuration，如图 9.30 所示。

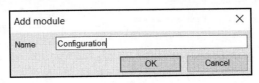

图 9.30　添加新模块

（2）在新模块中，转到域模型并添加一个名为 Configuration 的新实体。

（3）添加一个名为 MemberMinimumAge 的整数特性，如图 9.31 所示。

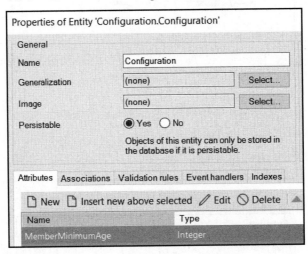

图 9.31　具有 MemberMinimumAge 特性的 Configuration 实体

（4）在新的 Configuration 模块中，增加一个新的页面来查看 Configuration 实体。图 9.32 显示了页面中应包含的元素，这只是一种参考。添加新页面时，你可以自由尝试不同的模板和布局。这是你的应用程序，因此具体采用哪种布局和模板完全由你自己做主。

当然，你的页面中至少应包含 Configuration 实体的数据视图，如图 9.32 所示。

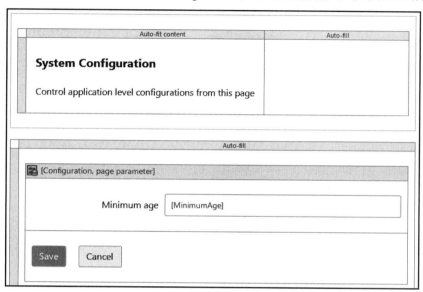

图 9.32　System Configuration（系统配置）编辑页面

（5）接下来，向名为 SUB_Configuration_GetCreate 的新模块添加一个修改微流。

🛈 **注意：**

GetCreate 是一个非常有用的模式。有时它被称为 Retrieve or Create 或 Create or Retrieve if Exists。无论哪种方式，该模式都会执行以下操作。

- ❑ 微流应尝试从数据库中检索第一条 Configuration 记录。为此，可向微流添加一个新的 Retrieve 操作活动类型（参见图 9.33 中的 A）。
- ❑ 接下来，添加一个 Decision 以检查配置是否为空。如果找到记录（真实路径），则应返回检索到的 Configuration 记录（参见图 9.33 中的 B）。
- ❑ 如果未找到记录（错误路径），则应创建新记录。为此，可向微流添加 Create object 操作活动并创建新的 Configuration 记录。在结束事件中，一定要确认返回 NewConfiguration 记录（参见图 9.33 中的 C）。

（6）现在向名为 ACT_Configuration_View 的新模块添加一个微流。

微流应该调用你刚刚创建的子微流，然后打开你创建的页面，如图 9.34 所示。

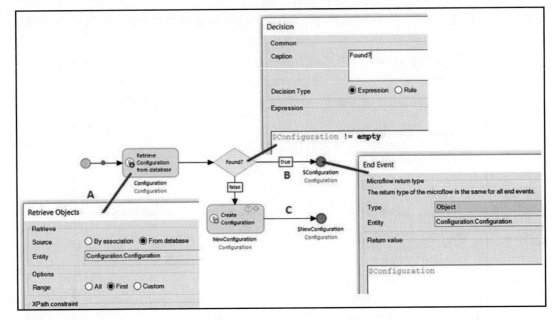

图 9.33　GetCreate 子微流方法

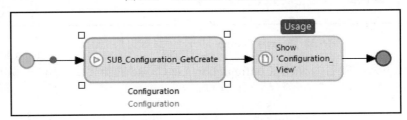

图 9.34　返回的检索或创建的配置记录

（7）转到项目的导航（按 Ctrl+G 快捷键）并搜索 Navigation，如图 9.35 所示。

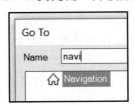

图 9.35　搜索 Navigation（导航）页面

（8）单击 New item（新建项目）按钮。

（9）新菜单项应该调用刚刚创建的 ACT_Configuration_View 微流，如图 9.36 所示。

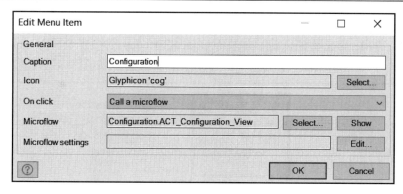

图 9.36　添加新菜单项

现在，你已经有了一个记录，将用作整个系统中的运行时可配置设置！

（10）接下来，在本地重新编译你的项目（按 F5 键）。

（11）查看你的应用程序，此时你应该注意到一个名为 Configuration 的新导航选项，如图 9.37 所示。

图 9.37　运行时看到的新菜单项

（12）单击新的 Configuration（配置）导航选项。

（13）现在应该会显示你的新页面。为 Member minimum age（会员最低年龄）输入16，如图 9.38 所示。

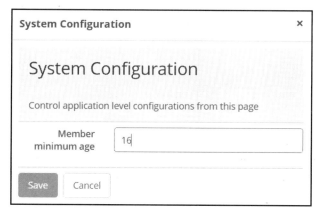

图 9.38　设置 System Configuration（系统配置）值

（14）单击 Save（保存）按钮。

现在我们已经配置了设置，可以在验证微流中使用它。

（15）转到 Member 验证微流，并在 Member/Birthday 空白检查和 YearsBetween Java
操作之间添加对数据库中第一条 Configuration 记录的检索，如图 9.39 所示。

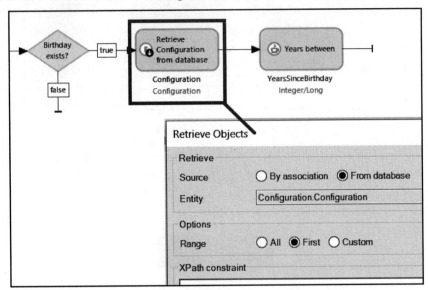

图 9.39　从数据库中检索第一条 Configuration 记录

（16）最后，将硬编码的 18 替换为 Configuration 中的 MemberMinimimAge 特性，
如图 9.40 所示。

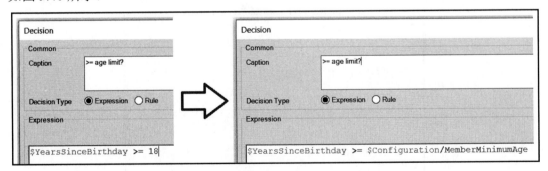

图 9.40　硬编码比较（之前）和使用 Configuration 记录的动态比较（之后）

（17）在本地重新编译你的项目（按 F5 键）并进行测试。

现在你应该能够根据需要将 MemberMinimumAge 特性更改为你想要的任何内容，并
且你的代码将始终有效！现在，我们可以随心所欲地多次改变主意，你无须再花费更多

的开发时间来想出解决方案。

最后，不要忘记提交你的更改。

9.11　小　　　结

本章讨论了许多主题，这些主题将帮助你根据自己的需求定制应用程序。请务必记住，你所支持的业务部门的需求可能会不断变化。

你不仅要熟悉本章讨论的概念，还要掌握实现的方法和时间。本章首先讨论了一些常用的函数和表达式。你可以在自己的逻辑中实现和应用它们。

然后我们讨论了子微流对每个 Mendix 应用程序的重要性。它们对于应用程序中的可重用性至关重要。掌握子微流的实现将成为你的 Mendix 技能的重要组成部分。

接下来，我们还介绍了可配置的设置，它允许即时定制你的应用程序，而无须增加开发时间。了解何时利用这些类型的配置很重要。最有可能的是，只要你感觉到验证的特定规则或输入可能会随着时间而改变时，使用运行时可配置设置就是一个好主意。

最后，我们讨论了 Java 操作，简要介绍了一些包含 Java 操作的应用程序商店模块。熟悉这些模块的应用是有益的。

第 10 章将讨论如何处理出现的错误，以及使用哪些工具来排除故障和解决这些问题。

9.12　牛　刀　小　试

测试你对本章讨论的概念的理解情况。答案将在第 10 章的"牛刀小试"后提供。

（1）以下函数会返回什么值？

```
replaceAll('Hello World','World', '')
```

A．'Hello'

B．'Hello '

C．'World'

D．Error

（2）以下语句的返回值是哪个选项？

```
length(trim(replaceAll('This is my random string',
'random string','')))
```

    A．10

    B．'This is my'

    C．11

    D．'This is my '

（3）什么是子微流？

    A．它是一个很小的微流

    B．它是从一个微流中调用的另一个微流，可重用

    C．它是一种食品

    D．它是一种执行特定类型操作并返回布尔值的微流

（4）使用子微流主要有 3 个原因，以下哪一项不在此列？

    A．代码可重用性

    B．分组相似的功能或逻辑

    C．子微流可以执行 Java 操作

    D．提高大型复杂微流的可读性

（5）为什么可配置的设置是一个很好的架构理念？

    A．它可以使实现变得很复杂

    B．它可以解决代码可重用问题

    C．它可以使业务规则和逻辑更具灵活性

    D．它增强了用户体验

第 8 章牛刀小试答案

以下是第 8 章牛刀小试的答案。

（1）微流开始处的绿点叫什么？

    A．Enter 事件

    B．Start 事件

    C．Beginning 事件

    D．Opening 事件

（2）微流中常见的 3 种事件类型是什么？

    A．Enter，End，Pause

    B．Beginning，Middle，End

    C．Start，Stop，Error

D．Open，Close，Error

（3）判断正误：在微流中，对象要么被单独检索，要么作为多个对象的列表检索。

A．正确

B．错误

（4）使用以下哪个对象活动可从数据库中删除对象？

A．Delete object

B．Remove object

C．Erase object

D．Commit object

（5）可以使用哪个微流活动来根据表达式或其他计算逻辑更改流？

A．Inheritance split

B．Decision

C．Flow changer

D．Expression split

（6）要向用户返回一条特性验证失败的消息，哪种微流元素最适合？

A．Error feedback

B．Attribute feedback

C．Validation feedback

D．Message feedback

（7）以下哪个 Mendix 产品是 AI 驱动的引擎，可帮助开发人员做出有关编程的决策？

A．Mendix Assist

B．Skynet

C．Mendix Data Hub

D．IBM Watson

（8）判断正误：在 Studio Pro 中为 Mendix 微流命名的最佳实践是给名称添加一个有意义的前缀，以表明微流的功能。

A．正确

B．错误

第 10 章　错误处理和故障排除

　　预测未来会发生什么固然困难，但是了解过去已经发生的事情也不容易。本章将讨论如何做到这两方面，也就是说，一方面，我们要考虑到未来可能遇到的问题，另一方面，又要及时回顾并了解过去发生的事情。

　　为了帮助实现这一目标，本章将讨论以下概念。

❑　防御性编程：这是尝试预测用户输入的不规范数据，或在集成过程中产生的不良数据进入你的应用程序。一旦你确定并预计到这些数据的入口点在哪里，就需要找到一些方法来优雅地处理它们。

❑　自定义错误处理：错误总是会发生，这是软件开发与生俱来的特点。但是，以一种不完全破坏用户体验的方式处理它们同样很重要。本章将讨论在 Mendix 中正确执行此操作的方法。

❑　日志记录：这是捕获重要的、有用的信息并将其写入应用程序日志的做法。本章将探讨如何使用 Mendix 实现这一目标。

❑　调试：调试器将成为你最好的"朋友"。这个非常有用的工具允许你在运行时分析应用程序并准确查看微流中发生的事情。

❑　开发人员页面：这些类型的页面可用于在一个地方显示所有数据，这对开发人员甚至支持级别的用户来说特别有用。本章将讨论一些注意事项。

本章包含以下主题。

❑　理解防御性编程的核心概念。

❑　自定义错误处理。

❑　通过日志记录有用的信息。

❑　使用调试器。

❑　构建开发人员页面来可视化数据。

10.1　技　术　要　求

本章示例项目可在以下网址的 Chapter10 文件夹中找到：

https://github.com/PacktPublishing/Building-Low-Code-Applications-with-Mendix

10.2　防御性编程

当我们形容两个童年玩伴时，会说他们"两小无猜"，这是因为美好的童年时代没有那么多的猜忌和揣测，有的只是毫无设防和心心相印。但是，长大以后，朋友或熟人之间却可能会经常抱怨："你为什么要这样防着我？"或者"防备心理别这么重！"，在大多数情况下，这是合理的建议，因为防备心理太重确实不利于增强人与人之间的信任。但是，同样的逻辑却绝对不适用于应用程序开发，绝对不！在应用程序开发领域，你不但需要保持防御，做最坏的打算，而且还需要让大家知道。

防御性编程（defensive programming）或"防御性"的概念在低代码空间中并不新鲜，当然，在整个软件开发的发展历程中也不是一个新概念。这个概念可以追溯到软件开发的产生。自从编写第一行代码以来，就有错误，就有"坏数据"，当开发人员抬起那因为出现问题而垂头丧气的脑袋时，他们不得不找到处理它们的方法。

但是，未雨绸缪胜于亡羊补牢，重要的是尝试预测它们并确保你的应用程序注意到它们，然后以可预测的方式运行，以保证用户体验不会中断。

Mendix 平台本身就提供了一些很好的现成可用的防御性功能。例如，如果检索到一个列表而它是空的，并且你还有一个迭代器尝试迭代列表中的每个项目，那么即使它是空的，也不会产生错误。这似乎只是平台必须提供的一小部分功能，但是诸如此类的功能确实增强了 Mendix 的应用体验。

当你开始与无法控制的数据进行交互时，这个想法变得更加重要。例如，使用 API 或其他形式的外部数据可能会导致大量垃圾信息，因此你的应用程序必须尝试处理这些信息。而且，根据你的应用程序的"防御"程度，它可能会对你的应用程序和你构建的流程造成严重破坏，从而迅速使用户完全放弃使用该应用程序。

可以通过多种方式在应用程序中引入防御性思维。本节提供了一些想法，但这只是抛砖引玉，它值得你进行一些额外的研究和思考。构建严密的防御会让你成为一个强大的开发人员。

本节将讨论以下防御策略。

❑　空值检查。

❑　防御性的 if 语句。

❑　手动检查代码。

❑　单元测试。

以下将逐一深入研究它们。

10.2.1　空值检查

为应用程序添加一些防御性功能的最简单但最有效的方法之一是在对数据执行empty 和 "（空白）检查时保持严格一致。

检查这两种情况很重要，因为它们是不同的。对于对象（object）或特性（attribute）来说，empty 值的检查就是检查它们是否存在。对象曾经被创建过吗？或者是否曾经为该特性分配过值？这实际上是在检查数据库中是否为该资源分配了任何空间。

另一方面，"（空白）检查是查看该值是否为空白。此检查针对已创建对象但从未为其中包含的特性分配值的情况。

为了帮助巩固这个概念，现在来考虑一个例子。

仍以我们正在构建的视频租赁应用程序为例，假设你已经通过 API 从另一个存储库中提取数据（在第 12 章"REST 集成"中，将讨论连接到外部 API 并使用一些非常有趣的数据），你无法知道其他开发人员对他们数据库中发生的数据输入进行了何种验证，它可能设计得非常好，也可能在没有任何一致性检查和平衡的情况下被组合在一起。无论如何，你现在需要处理该应用程序中的数据。

检查此数据的方法之一是执行一些 empty 和 "（空白）检查。图 10.1 显示了实现此检查的一种方法的示例。

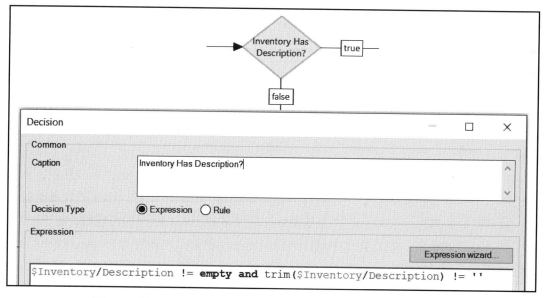

图 10.1　检查空值和空白值的排他性拆分 Decision（决策）属性窗口

可以看到，第一个表达式 $Inventory/Description != empty 可确保此字符串特性中存在一个值。

然后，第二个表达式 trim($Inventory/Description) != "使用了在第 9 章 "自定义应用程序" 中介绍过的 trim 函数（它的作用是删除字符串开头和结尾的所有多余空格），这将确保剩下的内容不是空白或"。

第二个表达式也可以改为使用 length 函数来确保它大于 0。图 10.2 显示了其实现方法。

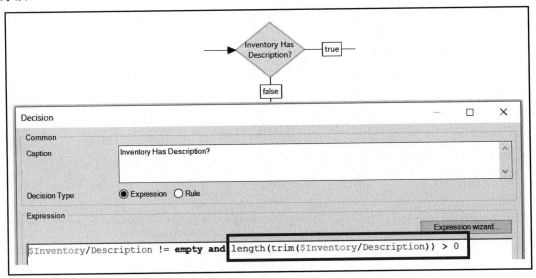

图 10.2　检查空值和空白值的排他性拆分 Decision（决策）属性窗口

实现此检查的另一种方法是在选择 Decision Type（决策类型）时使用 Rule（规则）。在这里，规则本质上是一段可重用的逻辑，可以应用于应用程序中的任何地方。它与子微流非常相似，如图 10.3 所示。

在这里，对于 Decision Type（决策类型），你必须选择 Rule（规则）。然后，你可以选择一个规则或创建新规则。规则的外观和功能与微流非常相似。这是处理此类验证的一种非常好的方法，因为它们很容易重复使用并限制了人为错误的可能性。

此外还可以看到，在图 10.3 中已经删除了 empty 检查，这是因为 length 和 trim 函数的组合基本上可以完成相同的事情。它是对数据进行好坏和有效性检查的另一种变体。

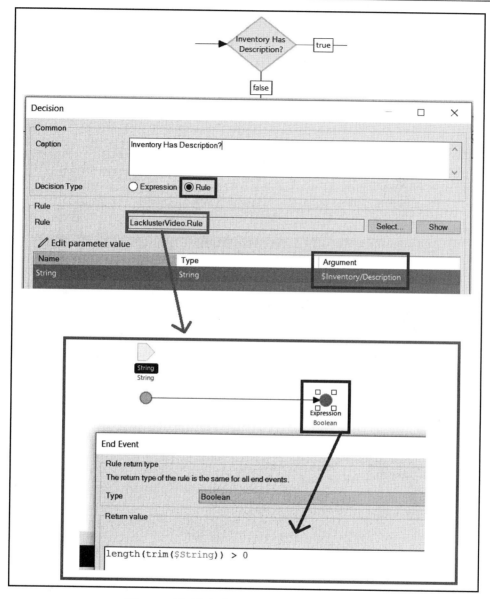

图 10.3　显示如何使用规则的排他性拆分决策

10.2.2　防御性的 if 语句

在应用程序中另一种有趣的防御方式是处理需要转换为标准化枚举值的字符串值。

这种情况可能是你正在使用来自第三方的一些数据（详见第 12 章"REST 集成"），并且需要将传入的字符串值映射到数据库中使用枚举定义的特性。

　　一般来说，这是一种相当简单的映射练习。但是，如前文所述，你无法知道其他系统对错误的输入或验证执行了何种类型的验证。

　　让我们考虑一个具体的例子。也许你正在集成电影数据库，并且正在处理导入电影的过程，其要求之一是收集所有电影评分。因此，你可能会收到一些文档，说明电影评级的可能值为 G、PG、PG-13 和 R。考虑到这一点，你创建了一些类似图 10.4 所示的逻辑。

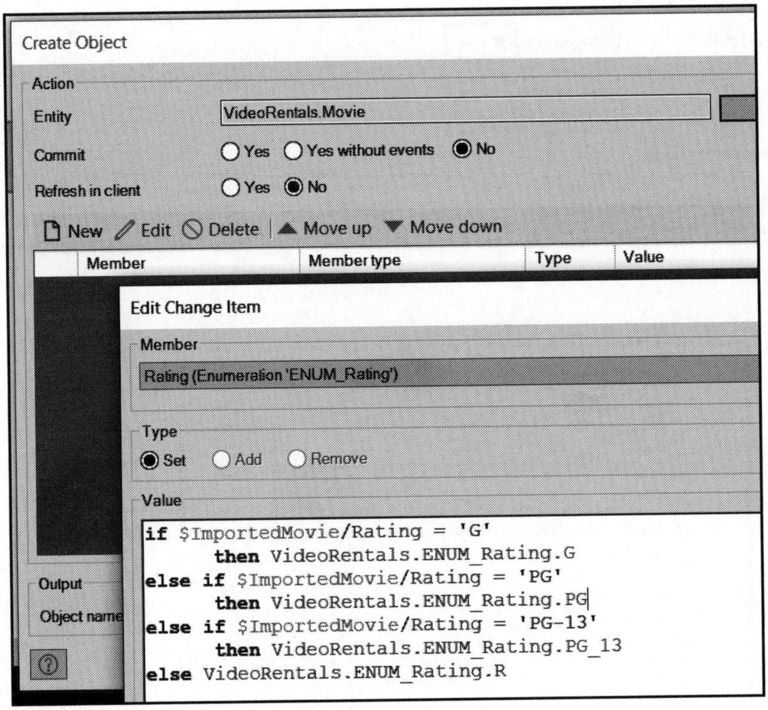

图 10.4　设置枚举值

　　这个逻辑实际上就是说，如果 ImportedMovie 的 Rating 特性等于 G 的字符串值，则可以将电影记录（存储在你自己的数据库中）的 Rating 特性设置为 ENUM_Rating.G 的枚举值——这个逻辑对 PG 和 PG-13 重复一次。然后，你得出结论，存在的任何其他值都必须是 R，因为这是唯一的其他可能选项。因此，你用 else 子句结束 if 语句，并将其他所有内容映射到 ENUM_Rating.R。

　　虽然这并没有错，但它确实存在许多潜在的问题。例如，如果在源系统中引入了新的评级怎么办？假设他们开始添加 NC-17 电影（该级电影禁止 17 岁以下的孩子观看）。现在，如果你的数据库还是使用之前添加的逻辑，则会错误地将它们全部评为 R 级。因此，我们需要有更好的方法来解决这个问题。

现在可以采取以下步骤来改进逻辑。首先，让我们停止错误地导入电影评级。为此，至少需要将意外值设置为 empty，如图 10.5 所示。

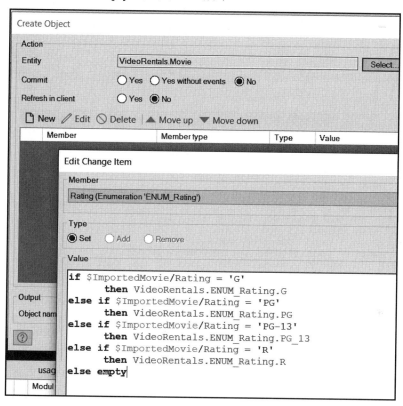

图 10.5　将意外值设置为 empty

现在，我们的应用程序会将新值设置为 empty。这是朝着正确方向迈出的一步。但是我们还可以通过在此处添加更多代码来获得比这更细粒度的内容。

在图 10.5 中，我们看不到这个 empty 值究竟是由于源系统中使用了新的评级、错误数据，还是 ImportedMovie 根本没有检索到评级结果而产生的，所以，接下来我们需要把这个问题搞清楚。

通过添加两个额外的枚举值，我们可以轻松知道究竟发生了什么，如图 10.6 所示。

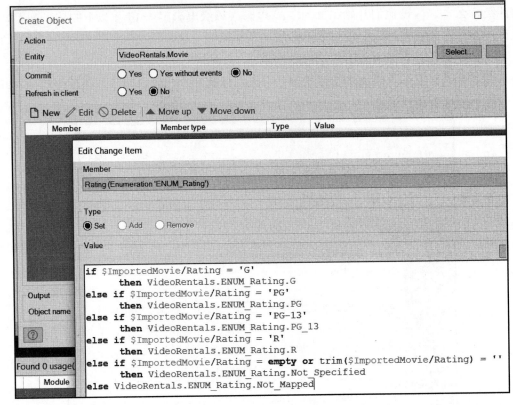

图 10.6　在意外值中指定空值或空白值

经过上述更改之后，如果 ImportedMovie 的 Rating 特性实际上为 empty 或"（空白），那么我们将映射到新的 ENUM_Rating.Not_Specified，这很清楚地表明缺少导入的值。然后，如果导入的记录中有任何其他值，则将它们分配给 ENUM_Rating.Not_Mapped。之后，如果添加新的评级，如 NC-17，甚至是 PG13 等错误值，我们也可以清晰地看到。

10.2.3　手动检查代码

现在有一种较为明显的趋势，很多开发人员——尤其是新开发人员——通常不会费心去测试他们自己的代码。他们给出的理由是，无论如何质量保证（QA）部门都会去检查它，那么开发人员自己检查又有什么意义呢？这是一种危险的、不负责任的心态。要知道，你自己发现问题并进行修改可能非常简单，由你自己对代码进行测试始终是一个好主意，即使只是测试一次。

开发人员可采用以下两种方法测试。

❑ 功能测试：这是 QA 团队将执行的测试类型。代码有效吗？它是否按照用户故事所要求的那样做？你应该始终执行这些测试。

❑ 技术测试/审查：这有时被称为四眼原则（four eye principle）或简称为同行审查（peer review），即让另一位开发人员审查你的代码。是的，代码可以正常工作并按照用户故事所要求的那样做，但是它是否是按正确的方式构建的？构建的内容是否符合最佳实践和技术标准？最好让同行（即换一双眼睛）看看。这也是向更有经验的开发人员学习的好方法。

这里要强调的是，记得测试你自己的代码！你可能不需要像 QA 工程师那样花费数天时间测试每个用例，但这是对项目负责也是对你自己负责。如果你在开发生涯的初期就养成了良好习惯，那么这些习惯很可能会在你的整个职业生涯中一直伴随你。在多年忽视这项工作之后来重新训练自己要困难得多。

10.2.4　单元测试

仅仅听到单元测试（unit test）这个术语，即使是最有经验的开发人员也会皱一皱眉。并不是说单元测试没有价值或不值得付出努力，而是它们的构建通常非常耗时，至少在开始时是这样。本小节无意讨论单元测试的重要性或理论，而只是让你注意这个概念。强烈建议你在本书之外继续对该主题进行一些研究。

在你的开发生涯中单元测试可以发挥非常重要的作用——是的，即使在 Mendix 应用程序中也是如此。开发人员往往会辩解说自己不构建单元测试是合理的，"我当然知道我的代码有效，我测试过，QA 也测试过，它是可靠的。如果我还要为它构建单元测试，并且无论如何都会通过，那除了浪费时间，还有什么意义呢？"

这样的说法可能所言非虚，但它非常短视。当你第一次为新功能构建单元测试时，它们的价值通常不会立即显现，但它们确实是有价值的。大多数情况下，真正的价值体现在数周或数月后返回相同的功能并修改某些内容时。此时你可能已经不记得你构建的原始实现或集成的所有问题。但是，如果你有精心设计的单元测试，那么它们肯定会记住！因此，更改看似很小的计算或一小部分功能可能会导致你的单元测试失败。单元测试会知道什么东西是有效的，你可以因此而节省大量时间，并且还可能阻止错误进入生产环境。

因此，正如前文所述，除本书之外，你还应该进一步阅读有关此主题的内容。了解并拥有与此相关的经验很重要。

最后，让我们来看一下 Mendix 应用程序商店中的 UnitTesting 模块。它将缩短你使用现有功能构建第一个单元测试所需的时间，如图 10.7 所示。

图 10.7　Mendix 提供的 UnitTesting 模块

　　这就是我们要告诉你的"防御性编程"的概念和做法，是不是也没有想象中的那么困难？对于较少进行编程训练的开发者来说，骤然接触这些内容也许会让你感到有点不知所措，或者担心抓不住重点，其实没关系，你只要记住一点就可以了，那就是这些事情需要时间和练习——大量的练习。

　　本节只是为了让你了解一些可以立即开始实施的防御性做法。在软件开发领域中，总是有更多的东西需要学习和体会。目前你要做的就是执行 empty 检查和"检查、使用防御性 if 语句、始终手动检查你的代码，甚至加入一些单元测试，这些基础步骤都会让你从正确的步伐开始你的开发生涯。

　　接下来，我们将讨论如何处理错误。对于软件开发来说，再好的防御措施也不可能杜绝出现错误。因此，发生这种情况时不要气馁，常言"兵来将挡，水来土掩"，出了问题处理好就可以了。

10.3　处　理　错　误

　　即使你尽最大努力尝试在应用程序中进行预测和防御，错误和问题仍然会出现——这是难以避免的。没关系！总会有你无法解释或预见的情况和场景出现。你可以尝试追求完美，但永远不要指望达成目标。

　　一般来说，最好的做法是考虑最可能出现的情况，然后权衡其他可能性，甚至可以执行某种程度的风险分析。例如，程序本身出错的概率、遇到奇葩用户的概率、系统平台差异导致的不兼容性、网络连接故障乃至因为硬件掉电重启或损坏而产生的问题等。最终，无论你确定的应用程序功能如何，都需要对逻辑中最重要或最敏感的部分进行某种程度的错误处理。

　　如果你不能完全确定特定流程中可能出现错误的所有可能场景，则始终可以在从子微流调用时设置整个流程的错误处理。这样，如果在子微流过程中遇到错误，父微流都会捕获它，并且可以指定应用程序的行为。当然，这样的做法并不应该取代实际子微流本身内的特定错误处理。如果你这样想，那么这也是一种潜在的危险，坦率地说，它是一种懒惰的开发方法。我们应该将错误处理子微流视为在所有其他方法都失败的情况下的一种安全垫，而不是将它推到防御的第一线。

10.3.1　错误处理选项

Mendix 允许你处理错误的方式主要有以下 3 种。

❑　Rollback（回滚）。

❑　Custom with Rollback（自定义带回滚）。

❑　Custom without Rollback（自定义无回滚）。

此外，我们还将讨论 Mendix 允许你执行但不建议使用的一种方式：Continue（继续）。你需要了解这些错误处理选项之间的差异，并能够确定何时使用这些选项。

让我们深入讨论一下。

10.3.2　回滚

默认情况下，如果在微流执行过程中发生错误，Mendix 会回滚所有更改直到起点，并终止该过程。用户会看到一条消息，显示着 please contact your system administrator（请联系你的系统管理员）这样的敷衍之词，如图 10.8 所示。

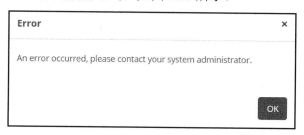

图 10.8　略显敷衍的错误信息

Rollback（回滚）选项基本上会还原在此过程中所做的所有更改。因此，即使是修改、提交和创建的实体也不会保留在数据库中。一切都恢复到进程启动前的状态。

应用程序日志可提供一般性的错误消息，但它实际上也只能提示诸如"进程 Y 上的微流 X 出现问题"之类的信息，仍需要由你自己来弄清楚发生了什么。而且，如果出现问题的进程在生产环境中，那么这可能是一项艰巨且压力重重的任务。

回滚是任何未处理错误的默认行为。我们接下来要讨论的 3 个选项都可以通过右击微流中的任何操作并选择 Set error handling（设置错误处理）选项来选择，如图 10.9 所示。

如果想要添加一些自定义逻辑并回滚所有更改，那么该怎么办？接下来就让我们认识一下另一个错误处理选项，看看它是如何完成的。

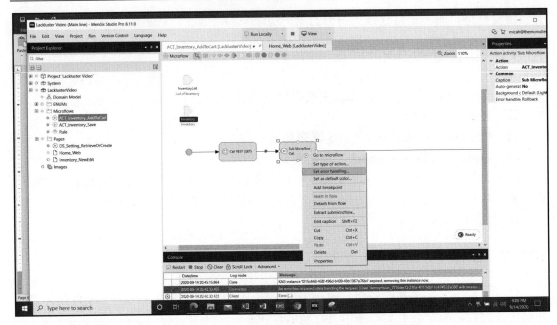

图 10.9　检查 empty 和空白值的排他性拆分决策属性窗口

10.3.3　自定义带回滚

Custom with Rollback（自定义带回滚）类似 Rollback（回滚）选项。当前事务期间发生的一切都将被回滚并恢复到以前的状态。

当然，你也可以继续微流以执行其他活动和业务逻辑。这对于创建有用的日志或触发警报非常有用——可以给生产支持团队发送电子邮件或短信，说明关键流程遇到错误，如图 10.10 所示。

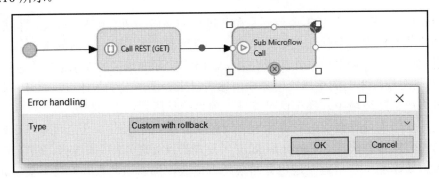

图 10.10　自定义错误处理并且带回滚

同样需要注意的是，在图 10.10 中，因为错误处理是在子微流上设置的，所以在子微流内部发生的一切都将被回滚。但是，在子微流之前发生的一切都不会被回滚。

一旦选择了错误处理行为，就必须创建要执行的逻辑。然后，你需要选择 Set as error handler（设置为错误处理程序）选项，如图 10.11 所示。

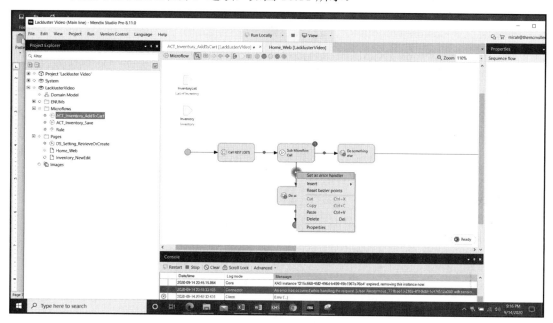

图 10.11　将路径设置为错误处理程序

最终结果将通过图标指示哪个路径是你的错误处理程序。使用 Custom with Rollback（自定义带回滚），你将看到一个红色的×，如图 10.12 所示。

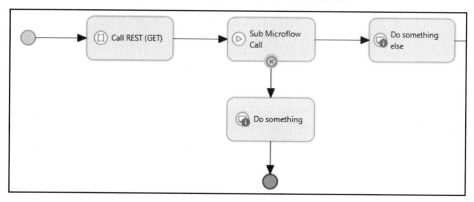

图 10.12　自定义带回滚路径上会显示为红色×

现在我们已经理解了这个错误处理选项，如果不想回滚所有更改，又该怎么办？让我们继续认识下一个错误处理选项，看看它是如何完成的。

10.3.4　自定义无回滚

顾名思义，Custom without Rollback（自定义无回滚）与 Custom with Rollback（自定义带回滚）和默认的 Rollback（回滚）选项是不一样的，此行为将保留数据库中所有成功提交的更改，并且这些更改在错误发生之前就已发生。

当你有一个长时间运行的微流来操作数据库中的若干不同记录时，这很有用。如果在最后一个活动中发生错误，你不一定希望丢失在此之前发生的所有操作——或者你也可以选择丢弃，一切由你决定。

图 10.13 显示了 Custom without Rollback（自定义无回滚）处理程序的外观，请注意图标的变化，它现在是一个蓝色三角形。

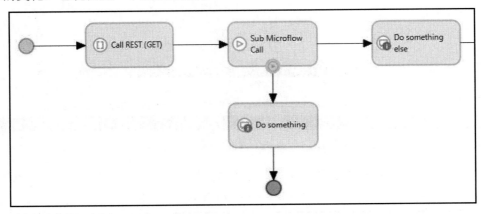

图 10.13　Custom without Rollback（自定义无回滚）路径用蓝色三角形显示

接下来我们将认识最后一个错误处理选项。

10.3.5　继续

Continue（继续）选项应作为最后的手段，并且在你的应用程序中应谨慎使用。

Continue（继续）选项意味着微流基本上将错误视为从未发生过。这听起来可能还不错，无须考虑太多，但一般来说，如果发生错误，你还是应该知道为什么。出了问题像鸵鸟一样把头埋进沙堆里面，显然给人感觉不靠谱。当然，在某些情况下它也是可行的，只不过将其作为一种选择时一定要谨慎。

图 10.14 显示了 Continue（继续）选项在微流中的外观，它的图标与 Custom without Rollback（自定义无回滚）一样，都是一个蓝色三角形。

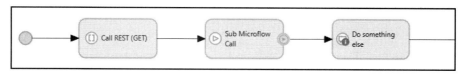

图 10.14　Continue（继续）错误处理仅显示一个路径

需要注意的是，因为在子微流上设置了 Continue（继续），所以在该子微流内部发生的一切仍然会被回滚，但是在该子微流之前的一切则都不会被回滚。这类似于我们在图 10.10 中讨论的行为。

10.3.6　在实现自定义错误处理时的注意事项

请仔细考虑你的错误处理行为，并记住每个选项的行为会导致什么结果。在实现自定义错误处理时，需要考虑以下方面的影响。

- ❑　集成（REST 调用）。
- ❑　处理外部数据。
- ❑　对数据执行计算。
- ❑　长时间运行的复杂子微流。

10.4 节将讨论日志消息。日志消息在每个应用程序中都非常有价值，但如果捕获到的信息太少，或者你太迷信日志，那么它可能会让你失望。让我们来看看在创建日志消息时要记住的一些好的做法。

10.4　通过日志记录有用的信息

日志消息是每个应用程序的关键部分，不应被忽视。如果你不熟悉日志消息是什么，那么不妨先来了解一下它的含义。

日志消息（log message）是由一种简单的记录方式产生的一条或一组信息，它可以通过直接的用户交互或在后台运行的系统进程来产生，以指示应用程序中发生的事情。此上下文信息作为"消息"写入应用程序日志，该消息将被存储起来，并可通过下载存档的日志文件实时访问或作为一种历史记录随时访问。

日志消息在应用程序的许多领域都有帮助。如前文所述，它们在处理错误时特别有用。如果你的应用程序遇到错误，那么向日志中写入一条描述所发生情况的消息非常重要。当你试图回到过去并确定导致用户收到错误的原因，或者试图了解为什么隔夜集成无法处理某些新数据时，日志将非常有用。正确记录事件，尤其是发生错误时，这对于每一款优秀的应用程序都至关重要。

当然，也存在不正确的写入日志消息的方式。对于 Mendix 应用程序的开发人员（尤其是那些公民开发者）来说，似乎在以下两个方面很容易出现问题：一是写入日志的级别；二是在日志消息中未能提供足够有用的信息。

当你在项目中创建日志消息时，Info（信息）日志级别是默认级别，许多新开发人员不会适当地更改此级别。这里你不妨问自己一些问题，例如，需要捕获什么样的信息？当应用程序在生产环境中运行时，该日志级别多久触发一次？如果打开实时日志，那么这条消息是否会像垃圾邮件一样刷屏，使得其他内容都无法读取？例如，如果在迭代器中有一个需要迭代数百次的流程或数千条记录，而你有一条 Info 级别的日志消息，则此时几乎不可能读取当时日志中正在发生的任何其他事情。在这种情况下，最好使用 Debug（调试）级别甚至 Trace（跟踪）级别。

考虑日志消息中提供的信息是否有用也很重要。例如，当你查看实时或历史日志时，诸如“该记录已保存”或“用户开始该进程”之类的消息其实没什么意义。

要创建日志消息，可以将新活动添加到微流并从可用操作列表中选择 Log Message（日志消息）选项。当 Log Message（日志消息）对话框打开时，请注意以下 3 个部分。

❑　Log level（日志级别）。

❑　Log node name（日志节点名称）。

❑　Template（模板）。

Log node name（日志节点名称）可指示日志消息的来源。你可以选择在模块级别指明这一点，也可以像命名触发日志消息的流程或微流一样具体。

Mendix 鼓励开发人员为日志节点利用系统常量，但至少应该将日志节点放在变量中（或使用微流参数），以记录进程或微流中的所有消息并使用相同的节点名称。

以下是利用日志级别的 3 个示例。屏幕截图分别是 Info（信息）、Error（错误）和 Critical（关键）。所有这些屏幕截图都显示相同的日志消息，只是具有不同的级别（严重性）。

图 10.15 显示了控制台中的 Info（信息）日志级别。

图 10.16 显示了控制台中的 Error（错误）日志级别。

图 10.17 显示了控制台中的 Critical（关键）日志级别。

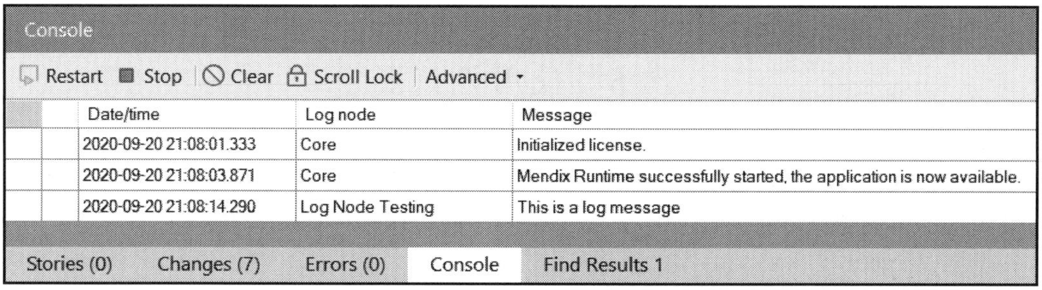

图 10.15　Info（信息）日志级别

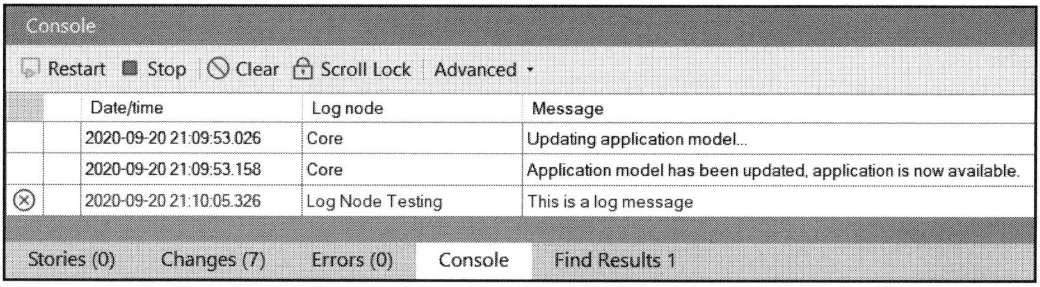

图 10.16　Error（错误）日志级别

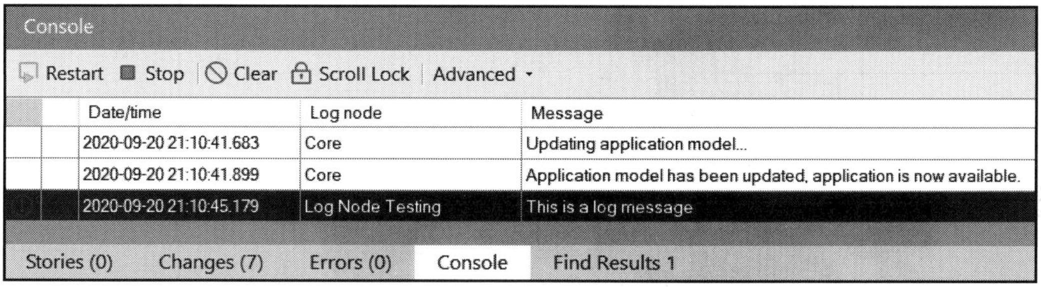

图 10.17　Critical（关键）日志级别

Mendix 在其文档页面上提供了一些有关日志消息的附加信息。如果你对此感兴趣，可访问以下链接：

https://docs.mendix.com/refguide/log-message

10.5 节将讨论如何使用调试器工具。无论你在应用程序中采用何种防御性编程、日志记录和错误处理，错误仍然会发生且你仍然需要修复它们。因此，能够自信地查明错误发生的位置以及发生的原因非常重要。调试器工具将帮助你做到这一点。让我们来看看如何使用它。

10.5　使用调试器

Debugger（调试器）是任何 Mendix 开发人员工具箱中必不可少的工具。当你处于开发模式且不可避免地要去追踪那些无疑会进入你的应用程序的难以捉摸的错误时，它将成为你最好的朋友。

如果你的 Debugger（调试器）窗口在 Studio Pro 中尚不可见，请务必添加它！为此，可选择 View（查看）| Debug Windows（调试窗口）| Debugger（调试器）选项，如图 10.18 所示。

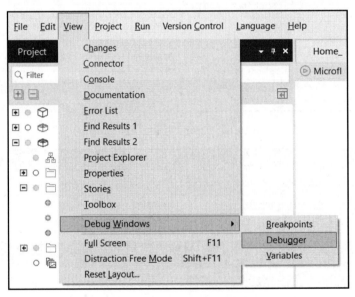

图 10.18　显示 Debugger（调试器）

在开发阶段，如果你试图确定新功能是否按预期工作，调试器非常有用。要开始使用调试器，只需在你希望仔细查看的微流中的任何位置添加一个断点。

右击任何操作并选择 Add breakpoint（添加断点）选项，即可在微流中添加断点，此时在该操作的右下角看到一个红色圆圈，如图 10.19 所示。

将断点添加到微流后，即可开始按逐个操作的方式测试微流。为此，首先需要调用微流。一旦遇到断点，应用程序将在该活动上停止。该活动将有一个红色轮廓，你还将看到调试器窗口中列出的微流名称。图 10.20 显示了 Studio Pro 中的实际情况。

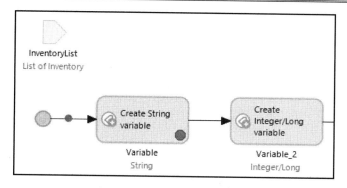

图 10.19　已添加断点的微流

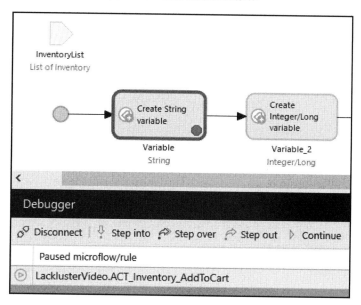

图 10.20　断点命中和 Debugger（调试器）窗口

在该 Debugger（调试器）窗口中，可以选择多个选项以继续操作。具体如下。

❑　Step into（步入）：此选项将使你一步步前进。它还将深入子微流和迭代器的内部。

❑　Step over（步过）：此选项与 Step into（步入）基本相同，只是它会跳过子微流和迭代器。

❑　Step out（步出）：此选项将使你跳出调试器的一个级别。例如，如果你在一个子微流中，则单击 Step out（步出）按钮时，整个子微流将被执行，你将被带回到父微流继续单步执行。如果没有父微流，则单击 Step out（步出）按钮将执行其余流程并结束调试会话。

❑　Continue（继续）：此选项将执行流程的其余部分，直到遇到另一个断点。如果你希望逐步完成整个过程，直至到达你希望查看或测试的部分，那么这将很有帮助。在你满意后，只需单击 Continue（继续）按钮即可运行其余过程。

调试时要注意的另一件事是 Variables（变量）窗口。变量提供了大量关于用户、会话以及当前微流期间发生的任何事情的上下文信息。有了调试器和这些变量，你很快就会成为 Mendix 开发专家！图 10.21 显示了在调试时查看 Variables（变量）窗口时变量的外观。

Variables		
Name	**Type**	**Value**
🏷 currentDeviceType	Enumeration 'System.Device...	Desktop
⊞ ⓔ currentSession	System.Session	(id: 6473924464346189, state: normal)
⊞ ⓔ currentUser	System.User	(id: 281474976711757, state: normal)
⊞ 🗐 InventoryList	List	(size: 1)
🏷 TestVariable	String	'This is a variable'
🏷 TestVariableLength	Long	18

图 10.21　调试时会看到的变量

10.6 节将简要讨论如何构建开发人员页面，以便你可以在某个位置轻松查看所有数据，这对开发人员甚至支持级别的用户都非常有帮助。当然，在将所有数据都转储到该页面之前，你需要记住一些事项。让我们来看看！

10.6　构建开发人员页面

对于开发人员来说，能够直观地查看应用程序中的数据视图是很重要的。这听起来很简单，但有时实现起来并不是那么容易。很多时候，添加到应用程序的核心页面和数据网格将限制你的数据。例如，XPath 就可能被限制了某些特性或特性组合。而且，根据数据和应用程序的情况，你很难全面了解整个数据集。

开发人员页面（developer page）的概念就是特定数据集的完整、无障碍视图。以一个没有应用任何 XPath 的数据网格为例，它的所有（或几乎所有）特性就都是可见的。

这听起来很不错，但是，与所有事情一样，这也是需要上下文环境支撑的。例如，假设你看到一堆数字，那么这是个人信息、财务信息还是医疗信息？或者是基本的库存信息？所以说上下文环境非常重要，同时也需要你有良好的判断能力。

如果你决定构建显示特定实体的所有（或大部分）数据的页面，Mendix 有一个很好的快捷方式可以帮助你解决这个问题。在 Mendix 中，只要击打几下鼠标，即可为你的一个或多个实体创建概览页面。这比你自己构建页面并手动添加所有特性要快得多。

请按以下步骤操作。

（1）导航到你希望公开数据的实体。

（2）右击该实体并选择 Generate overview pages（生成概览页面）选项，如图 10.22 所示。

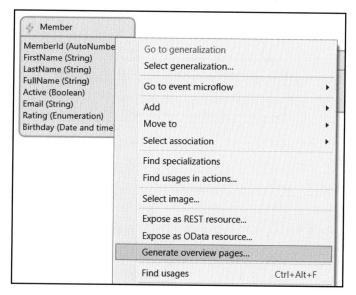

图 10.22　使用 Generate overview pages（生成概览页面）选项

（3）从弹出菜单中，选择你要为其生成概览页面的一个或多个实体，然后单击 OK（确定）按钮，如图 10.23 所示。

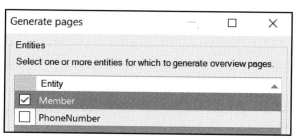

图 10.23　生成概览页面

可以看到，在 Project Explorer（项目资源管理器）窗口中，现在有一个名为 OverviewPages 的文件夹，其中添加了一些新页面，如图 10.24 所示。

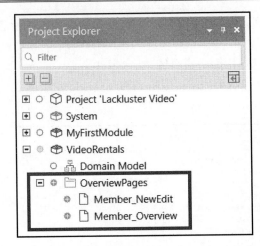

图 10.24　在 Project Explorer（项目资源管理器）窗口中新创建的概览页面

当然，你也可以按照自己喜欢的方式去自定义这些页面。你只需要将它们连接到某个导航或从微流中调用它们，就可以显示它们。这是创建此类开发人员页面的一种非常简单（但经常被忽视）的方法。

接下来，让我们将本章讨论的一些概念添加到我们的项目中。

10.7　综　合　演　练

现在我们可以将本章讨论过的一些概念和想法付诸实践。本小节将运行我们的应用程序，通过应用一些更好的验证结果来修复报告的错误，将验证转化为规则，并利用调试器准确识别正在发生的事情。这些修改虽然很小，但它可以使我们开发出一款更加优秀且功能强大的应用程序。

10.7.1　删除验证规则

首先，我们可以删除在 Member/FirstName 上设置的验证规则。

请按以下步骤操作。

（1）导航到 VideoRentals 域模型，如图 10.25 所示。

（2）接下来，双击 Member 实体打开 Member Properties（会员属性）窗口。

（3）单击 Validation rules（验证规则）选项卡，如图 10.26 所示。

（4）选择 FirstName 验证规则并单击 Delete（删除）按钮，如图 10.27 所示。

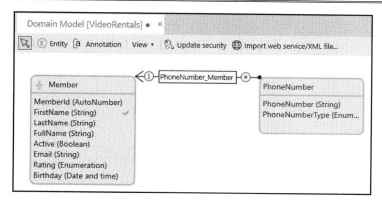

图 10.25　VideoRentals 域模型

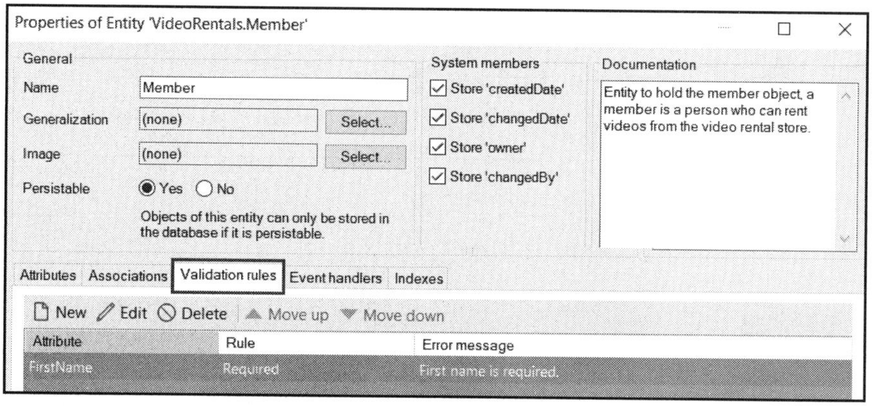

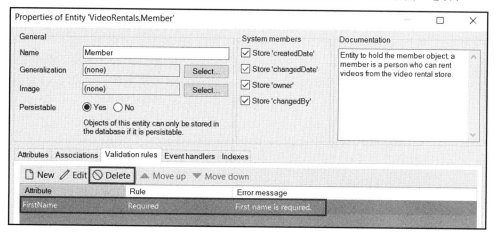

图 10.26　Member Properties（会员属性）窗口 Validation rules（验证规则）选项卡

图 10.27　删除 FirstName 验证规则

此验证规则是通过第 6 章 "域模型基础知识" 中与图 6.18 相关的步骤创建的。如果由于某种原因，你没有创建该验证规则，那也没关系，因为我们此时只是将其删除。当然，你有必要回到第 6 章查看一下创建该验证规则的步骤，以了解其中的概念。

（5）单击 OK（确定）按钮。

现在请确认域模型视图中 Member 实体的 FirstName 特性旁边的绿色复选框已取消选中，如图 10.28 所示。

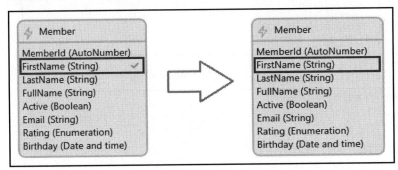

图 10.28　删除验证规则之前和之后对比

接下来，让我们看看如何使用调试器进行错误处理。

10.7.2　调试器

本章介绍的最重要的内容当属调试器的使用。本小节将调查 QA 团队报告的项目错误，并利用调试器准确找出项目中发生的情况。

QA 团队报告的错误如下："在测试创建新会员的功能时，我们注意到，通过在 First name（名字）和 Last name（姓氏）字段中输入一次或多次空格，仍然能够保存该会员。结果就是，该应用程序允许在没有名字和姓氏的情况下创建会员。这不应该被允许。"

一般来说，在调查此类错误时，你必须做的第一件事是查看错误是否可以复制。所以，让我们看看是否可以通过以下步骤来做到这一点。

（1）转到你的项目并单击 Run Locally（本地运行）按钮，如图 10.29 所示。

（2）项目编译完成后，单击 View（查看）按钮，如图 10.30 所示。

图 10.29　Run Locally（本地运行）按钮　　　　图 10.30　查看应用程序按钮

（3）从应用程序的用户界面，单击侧面导航并选择 Members Overview（会员概览）

导航项以查看概览页面，如图 10.31 所示。

（4）在 Members Overview（会员概览）页面，单击 New（新建）按钮。

（5）在弹出页面中，在 First name（名字）和 Last name（姓氏）字段中各输入一个或多个空格。

（6）为其余字段输入有效值，然后单击 Save（保存）按钮。你的页面应该大致如图 10.32 所示。

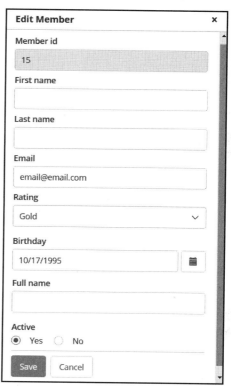

图 10.31　Members Overview（会员概览）导航项　　图 10.32　Edit Member（编辑会员）页面

你的应用程序应该允许保存 First name（名字）和 Last name（姓氏）字段中缺少必要数据的新会员。确认你有类似如图 10.33 所示的内容。

Member id	First name	Last name	Full name	Email	Rating	Active	Birthday
15				email@email.com	Gold	Yes	10/17/1995

图 10.33　First name（名字）和 Last name（姓氏）字段值为空的新记录

你可能会质疑前文构建的一些验证，并想知道这个错误是如何漏掉的。你添加了对空值的检查，并且也已经测试过，那么，这是怎么发生的呢？

请继续执行以下操作。

（7）按 Ctrl+G 快捷键并输入 Val_Member，如图 10.34 所示。

（8）选择该微流并单击 Go to（转到）按钮。

（9）在第一个操作中，右击并从可用选项中选择 Add breakpoint（添加断点）选项，如图 10.35 所示。

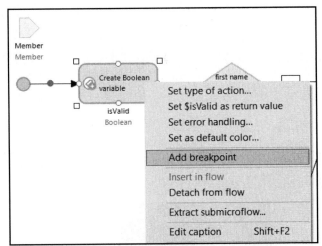

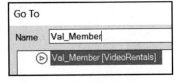

图 10.34　搜索 Val_Member　　　　图 10.35　添加断点

确认该操作现在有一个断点，如图 10.36 所示。

（10）在应用程序的用户界面，重复步骤（4）～步骤（6）以在 First name（名字）和 Last name（姓氏）字段中创建一个包含错误数据的会员。

此时，一旦你单击 Save（保存）按钮，应用程序中的断点应该会被命中。你可能会注意到 Mendix Studio Pro 图标开始在任务栏中闪烁，如图 10.37 所示。

图 10.36　已添加断点的操作　　　　图 10.37　Studio Pro 图标在任务栏中闪烁

（11）返回 Studio Pro。你应该注意到断点已被命中，并且第一个操作以红色突出显示，如图 10.38 所示。

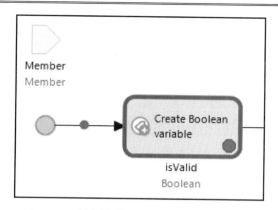

图 10.38 断点被激活（"命中"）时的操作

在开始逐步执行微流和逻辑之前，请注意 Variables（变量）窗口。你会注意到输入的值显示在 Member 变量中。另外，你可以看到 FirstName 和 LastName 属性以及输入的单个空格，如图 10.39 所示。

Variables		
Name	Type	Value
currentDeviceType	Enumeration 'System.Device...	Desktop
currentSession	System.Session	(id: 6755399441056445, state: normal)
currentUser	System.User	(id: 281474976711357, state: normal)
Member	VideoRentals.Member	(id: 3659174697239031, state: instantiated)
id	Long	3659174697239031
Active	Boolean	true
Birthday	Date and Time	UTC time: 1955-07-08 00:00:00.000 Session time: 1955-07-...
changedDate	Date and Time	UTC time: 2020-10-15 01:30:11.868 Session time: 2020-10-...
createdDate	Date and Time	UTC time: 2020-10-15 01:29:58.715 Session time: 2020-10-...
Email	String	'email@email.org'
FirstName	String	' '
FullName	String	(empty)
LastName	String	' '
MemberId	AutoNumber	17
Rating	Enumeration 'VideoRentals.E...	Platinum
System.changed ...	Reference	System.User (ID: 281474976711357)
System.owner	Reference	System.User (ID: 281474976711357)

图 10.39 在 Variables（变量）窗口中显示的变量

（12）要开始单步调试微流，请打开 Debugger（调试器）窗口并单击 Step over（步过）按钮，如图 10.40 所示。

当你单击 Step over（步过）按钮时，会注意到微流中的下一个操作以红色突出显示。这始终是微流停止位置的指示器。在断点移动到下一个操作之前，不会执行有关该操作的逻辑、操作或决策，如图 10.41 所示。

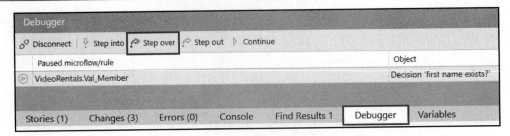

图 10.40　显示由于断点而暂停的微流的 Debugger（调试器）窗口

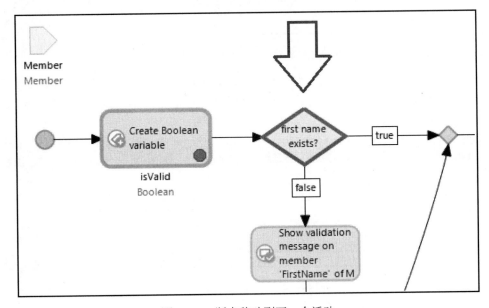

图 10.41　断点移动到下一个活动

此时断点已停在第一个排他性拆分处，即检查名字是否存在。如果代码编写正确，那么此时表达式的计算结果应该为 false。

（13）让我们再单击一次 Step over（步过）按钮，看看会发生什么。你会注意到断点移动到微流中的下一个操作。但是移动到哪一个操作了？看看图 10.42，它是否与你的项目中发生的事情是一样的？

很遗憾，验证确实没有正确编写，表达式评估为 true，我们被带到下一个排他性拆分而不是显示验证消息操作。当然，这也意味着我们已经看到了问题，并发现了错误所在。继续执行微流的其余部分，或单击 Continue（继续）按钮以执行整个微流。

（14）双击 first name exists? 排他性拆分以便可以分析表达式。

你会注意到该表达式的某些内容不太正确。你对修改有任何思路吗？（提示：也许我们缺少包装"检查的函数？）看看图 10.43，你知道该如何修改吗？

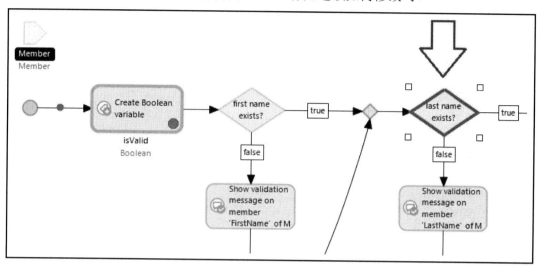

图 10.42　断点错误地移动到下一个活动

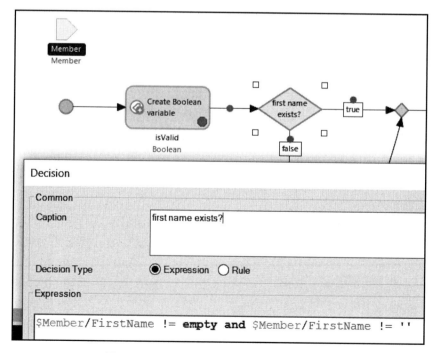

图 10.43　验证 Member/FirstName 的表达式

　　让我们尝试用 trim 函数包装第二个表达式，看看会发生什么（回想一下，在第 9 章"自定义应用程序"中介绍过 trim 函数，它可以删除特性中任何文本值前后的空格）。这应该对我们的问题有所帮助。新的表达式如图 10.44 所示。

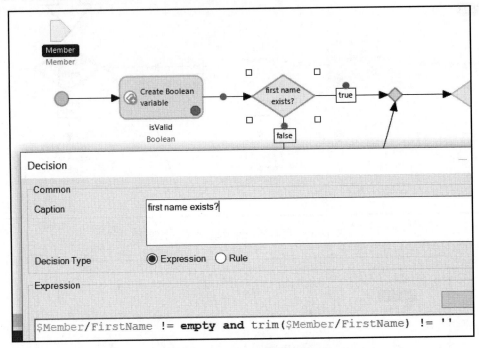

图 10.44　使用 trim 函数更新的表达式

　　（15）重复步骤（4）～步骤（6）以在 First name（名字）和 Last name（姓氏）字段中创建一个包含错误数据的新会员。

　　你的断点应试处于启用状态，并且如前文所述，你会注意到 Mendix 图标再次闪烁，表明断点已被命中。

　　（16）回到 Studio Pro 并返回到 Debugger（调试器）窗口。

　　（17）单击 Step over（步过）按钮，直到能够看到添加 trim 函数之后如何影响到排他性拆分中的逻辑。

　　现在你应该能够正确验证，断点应该向下移动到 false 路径，如图 10.45 所示。

　　（18）继续单步执行微流或单击 Continue（继续）按钮以允许执行整个微流。

　　（19）导航回到用户界面并确认应用程序不允许你保存新会员。此时你的屏幕应该如图 10.46 所示。

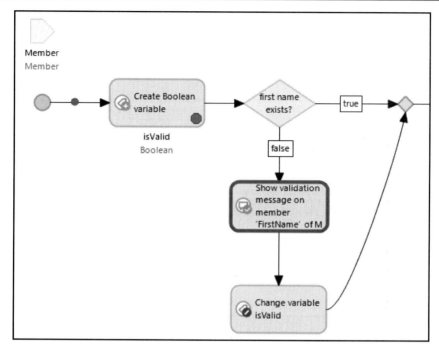

图 10.45　断点移动到 false 路径

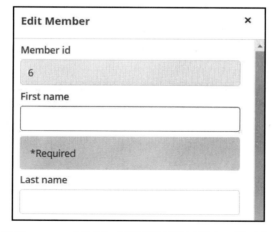

图 10.46　在 First name（名字）字段下显示验证消息，提示必须输入名字

（20）对 Last name（姓氏）字段验证应用相同的调整，结果如图 10.47 所示。

恭喜！你发现的错误现在已在技术上得到修复。但是，不要止步于此，还有更好的方法可实现这个功能。让我们仔细看一下。

图 10.47　在 First name（名字）和 Last name（姓氏）字段下显示的验证消息

10.7.3　创建规则

如前文所述，我们可以将验证转换为规则。其具体步骤如下。

（1）在 Studio Pro 中，导航回 Val_Member 并双击第一个排他性拆分以进行 First name（名字）字段的验证。

（2）选中 Rule（规则）单选按钮设置一个 Decision Type（决策类型）值，然后单击 Select（选择）按钮，如图 10.48 所示。

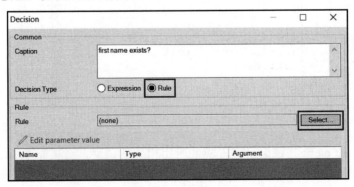

图 10.48　在 Decision（决策）窗口中选择规则

（3）在 Select Rule（选择规则）窗口中，单击 New（新建）按钮，如图 10.49 所示。

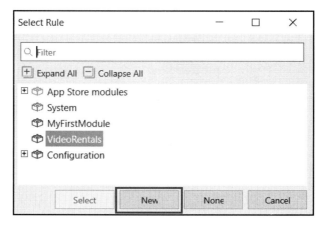

图 10.49 在 Select Rule（选择规则）窗口中单击 New（新建）按钮

（4）将新规则命名为 VAL_String_IsNotEmpty 并单击 OK（确定）按钮。

（5）单击 Show（显示）按钮，如图 10.50 所示。

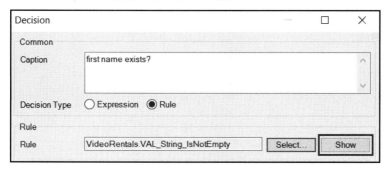

图 10.50 在 Decision（决策）窗口中单击 Show（显示）按钮

（6）添加一个 String 类型的输入参数，命名为 String。更改端点表达式，使其与图 10.51 中显示的内容相匹配。

（7）保存新规则并导航回 Val_Member。

（8）打开已连接到新规则的排他性拆分的 Properties（属性）窗口。

（9）选择 String 参数，单击 Edit parameter value（编辑参数值）按钮，然后输入如图 10.52 所示的文本。

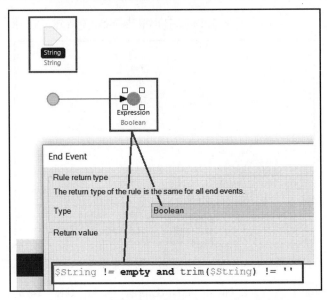

图 10.51　使用 String 输入参数检查 empty 值和空白值的表达式

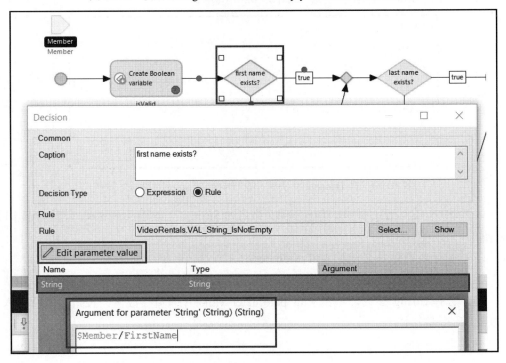

图 10.52　将 Member/FirstName 作为 String 输入参数传递给新规则

（10）单击 OK（确定）按钮并确保它现在如图 10.53 所示。

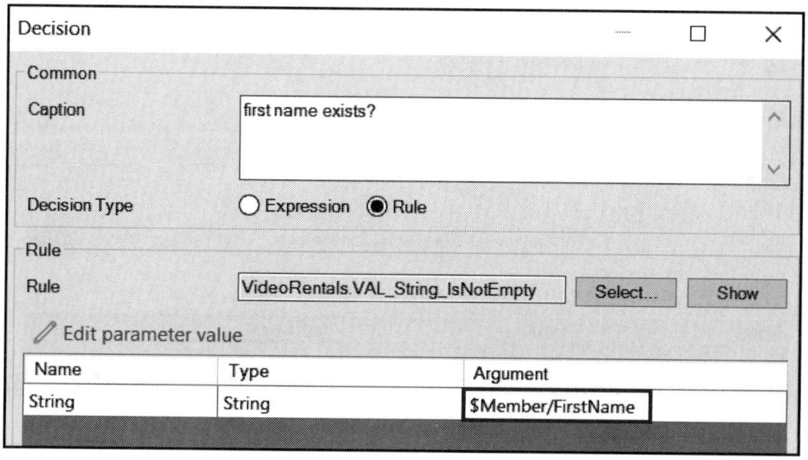

图 10.53　Member/FirstName 将作为输入参数传递

（11）确认无误后，单击 OK（确定）按钮。

（12）打开排他性拆分的 Properties（属性）窗口以验证 Last name（姓氏）字段。

（13）选中 Rule（规则）单选按钮作为 Decision Type（决策类型），然后单击 Select（选择）按钮。

（14）现在不需要创建新规则，而是选择我们刚刚创建的规则，然后单击 Select（选择）按钮，如图 10.54 所示。

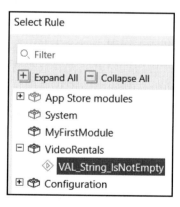

图 10.54　选择规则

（15）将 Member 的 LastName 值指定为 Argument（参数）值，如图 10.55 所示。

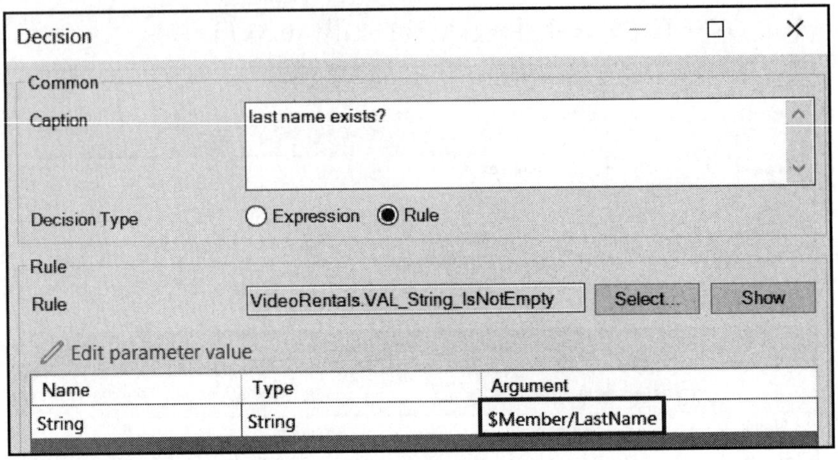

图 10.55　Member/LastName 将作为输入参数传递

（16）确认无误后，单击 OK（确定）按钮。

现在可以在本地重新运行你的项目并测试所有内容以确保所有验证仍按预期工作。这个新规则可以应用于任何需要类似验证检查的 string 特性。

10.8　小　　结

本章涵盖了许多主题，这些主题将帮助你在出现问题时解决问题。

本章讨论的概念将有助于你成为 Mendix（及更高版本）中更有竞争力的开发人员。重要的是要记住，问题始终会出现，错误永远会发生！即便是最优秀的开发人员和最受追捧的应用程序也同样如此——它与程序开发是伴生关系。但是，应用程序如何处理错误以及开发团队的反应速度将使你（和你的应用程序）与众不同。

在防御性编程部分，我们讨论了尝试预测不良数据的方法。有很多方法可以做到这一点，但我们主要讨论了 empty 和"（空白）检查，以及编写具有防御性的 if 语句。这在处理第三方数据时尤其重要，例如，当你使用 API 时。

无论你的代码写得多么好，都会发生错误。因此，我们讨论了优雅地处理错误和利用错误处理的重要性。在 Mendix 中，有 4 种处理错误的方式：Rollback（回滚）——这是默认功能、Custom with Rollback（自定义带回滚）、Custom without Rollback（自定义无回滚）和 Continue（继续）——应尽可能避免使用该项。

由于错误和问题不可避免地会发生，因此不仅要妥善处理它们，还要将它们记录下来，这一点也很重要。这可以通过将有用的日志消息写入应用程序日志来完成。因此，我们讨论了各种日志级别、如何使用它们以及哪些类型的信息对写入日志有用。

本章还讨论了 Debugger（调试器）工具的使用方法。随着时间的推移，它将成为你最熟悉的好朋友。毫无疑问，当你开始创建越来越复杂的应用程序或使用来自 REST API 的第三方数据时，你将每天都要使用调试器。正如我们所介绍的，调试器是一种暂停微流并逐步执行逻辑的方法。这是一个非常强大的工具。

开发人员页面是另一种查看数据的方式。我们讨论了在没有 XPath 约束或任何过滤的情况下查看实体所有属性的重要性。这将帮助你或任何支持团队成员了解幕后可能发生的情况。请记住要谨慎对待这些类型的视图，它具体取决于你公开的数据。当你考虑是否应该公开敏感数据时，请记住你的目标受众。

第 11 章将更深入地研究特性和关联，并讨论一些最佳实践。

10.9　牛 刀 小 试

测试你对本章讨论的概念的理解情况。答案将在第 11 章的"牛刀小试"后提供。

（1）重用表达式的最佳方法是什么？

　　A．子微流

　　B．特性

　　C．规则

　　D．Nanoflow

（2）包含特定值列表的特性称为什么？

　　A．String

　　B．Enumeration

　　C．Integer

　　D．Datetime

（3）以下哪一种错误处理方法将恢复你所做的更改并允许你在遇到错误时创建自定义行为？

　　A．Rollback（回滚）

　　B．Custom with Rollback（自定义带回滚）

　　C．Custom without Rollback（自定义无回滚）

　　D．Continue（继续）

（4）除非绝对必要，否则应该避免使用哪一种错误处理方法？

    A．Rollback（回滚）

    B．Custom with Rollback（自定义带回滚）

    C．Custom without Rollback（自定义无回滚）

    D．Continue（继续）

（5）以下哪一项开发人员功能可以让你暂停微流？

    A．Breakpoint

    B．Stop point

    C．Pause point

    D．以上都是

第 9 章牛刀小试答案

以下是第 9 章牛刀小试的答案。

（1）以下函数会返回什么值？

```
replaceAll('Hello World','World', '')
```

    A．'Hello'

    B．'Hello '

    C．'World'

    D．Error

（2）以下语句的返回值是哪个选项？

```
length(trim(replaceAll('This is my random string',
'random string','')))
```

    A．10

    B．'This is my'

    C．11

    D．'This is my '

（3）什么是子微流？

    A．它是一个很小的微流

    B．它是从一个微流中调用的另一个微流，可重用

    C．它是一种食品

D．它是一种执行特定类型操作并返回布尔值的微流

（4）使用子微流主要有 3 个原因，以下哪一项不在此列？

A．代码可重用性

B．分组相似的功能或逻辑

C．子微流可以执行 Java 操作

D．提高大型复杂微流的可读性

（5）为什么可配置的设置是一个很好的架构理念？

A．它可以使实现变得很复杂

B．它可以解决代码可重用问题

C．它可以使业务规则和逻辑更具灵活性

D．它增强了用户体验

第 11 章 存 储 数 据

数据！数据！数据！重要的事情说 3 遍，没有数据的应用程序是没有灵魂的，这就像川菜里面不放辣椒，电影没有演员和情节，书中没有文字。每个应用程序都需要一定数量的数据，才能更加实用和有意义。本章将讨论如何充分利用 Mendix 域模型进行数据存储和检索。本章将在第 6 章"域模型基础知识"的基础上，继续构建我们在整本书中创建的项目。具体来说，本章将讨论如下概念。

❑ 为数据创建关联——将数据与各种实体相关联是任何 Mendix 项目的核心概念。本章将介绍你可以选择的不同类型的关联。

❑ 构建功能模块——模块是每个 Mendix 项目的基石。本章将介绍什么是模块以及如何在考虑可重用性的情况下构建模块。

❑ 理解泛化和特化——这对于某些人来说也许是一个很难掌握的概念。本章将讨论实体的泛化和特化，并了解它们可以帮助你完成什么。

本章包含以下主题。

❑ 使用恰当的关联类型链接实体。

❑ 添加新模块。

❑ 理解继承的一些利弊。

11.1 技 术 要 求

本章示例项目可在以下网址的 Chapter11 文件夹中找到：

https://github.com/PacktPublishing/Building-Low-Code-Applications-with-Mendix

11.2 为数据创建关联

在第 6 章"域模型基础知识"中，简要讨论了实体之间不同类型的关联。本节将更深入地探讨该主题并讨论每种不同类型的关联，以及了解何时应用哪一种类型的关联。

关于设置域模型，首先要知道的是每个项目都会有所不同。当然，原则保持不变，但你将使用的数据则会因项目而异。

在开始定义应用程序的数据层时，应该对可能的要素和首选要素有清晰、明确的理解，因为可选的要素很多，此时你的选择就变得很重要。Mendix 项目中所有数据的核心是你的实体以及这些实体之间的关联。没有哪个架构师和域模型能做到完美，这是不可能的，但是，你的数据结构越接近正确，随着时间的推移，在项目构建上就越容易。

一般来说，你需要向产品负责人或业务用户提出一些问题，以准确理解他们如何设想项目以及长期使用的数据。例如，在第 6 章"域模型基础知识"中构建了 Member 实体和 PhoneNumber 实体之间的关联，这是项目的两个核心实体之间的简单关联。但是，在这两个实体之间设置关联类型会极大地改变项目。请仔细观察图 11.1，看看它与你项目中的关联有何不同。

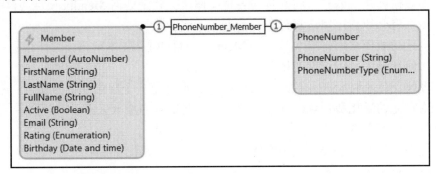

图 11.1　Member 和 PhoneNumber 之间的一对一关联

现在比较一下图 11.1 和图 11.2。

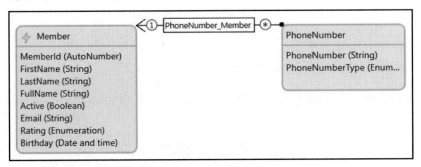

图 11.2　Member 和 PhoneNumber 之间的一对多关联

图 11.2 应该更接近你项目中的内容。那么，这两幅图之间有什么区别呢？

从视觉上看，它们就是不同的，那么在功能上呢？关联类型之间有什么区别？这是接下来要深入讨论的内容。

11.2.1　一对一关联

顾名思义，一对一（one-to-one）的关联是相当有限的。一条记录只能与另一条记录相关联，反之亦然。因此，在图 11.1 所示的示例中，一个 Member 只能与一个 PhoneNumber 相关联，一个 PhoneNumber 也只能与一个 Member 相关联，这意味着一个会员只能有一个电话号码，一个电话号码也只能注册到一个会员。虽然这看起来限制很大，但一对一关联有很好的现实用例。以下是其中一些示例。

- ❑ 客户和账户（一个客户只有一个账户，一个账户只有一个客户）。
- ❑ 员工和隔间（一名员工只有一个隔间，一个隔间只有一名员工）。

以本书一直在构建的项目为例，你可能很容易就会错误地将 Member 和 PhoneNumber 之间的关联创建为一对一关联。但是，如果你在需求收集和细化阶段更细心一些，向项目负责人或业务人员提出问题，例如，"是否只要求会员提供一个电话号码？"或"会员是否需要保存多个电话号码？"，那么当你开始计划它时，就可以更清楚地描绘域模型。

提出此类问题确实需要一些时间和练习，但这是开始构建项目时一项非常重要的技能。就像我们在本书中讨论的许多概念一样，及时提问沟通有利于准确理解用户要求，从而产生更好的解决方案。

除在域模型中直观看到关联的不同之外，当你在微流级别与它们进行交互时，它们的行为也是不一样的。如图 11.3 所示，当关联设置为一对一时，即可通过与 Member 的关联检索 PhoneNumber。

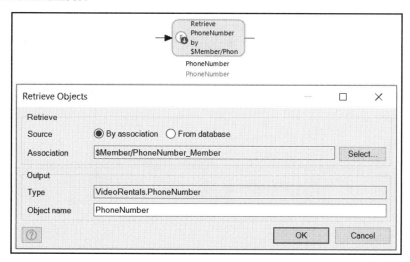

图 11.3　设置为一对一关联类型时可通过 Member 关联检索 PhoneNumber

这里要注意的事情是，该检索只返回一条记录。仔细想想这是有道理的，因为关联本身表明只有一个 PhoneNumber 记录与 Member 关联。这是一个简单的概念，但需要我们牢记在心。

11.2.2　一对多（或多对一）关联

一对多（one-to-many）或多对一（many-to-one）概念和一对一关联类型一样，都非常简单。它表明实体 X 的一条记录将（或可能）与实体 Z 的一条或多条（可以是很多）记录相关联。但反过来，实体 Z 的记录将仅与实体 X 的一条记录相关联。以下是其中一些示例。

❑ 学生和学校（一名学生将只与一所学校相关联，但一所学校将与许多学生相关联）。

❑ 球队和球员（一支球队将与许多球员相关联，但一名球员将仅与一支球队相关联）。

为了阐述得更清楚一点，让我们回到 Member 和 PhoneNumber 示例。如图 11.2 所示，Member 和 PhoneNumber 之间的这种关联表明一个 Member 将（或可能）与一个或多个（可以是很多）PhoneNumber 记录相关联，但是一个电话号码记录却只能与一个会员相关联。即使在现实世界中，这也是有道理的。你的手机号码不能属于任何其他人，它们仅与你"关联"。而且你可能有（也可能没有）多个电话号码，这正是这种关联类型所表明的。

正如一对一关联类型可用于在微流级别与关联记录交互一样，一对多也是如此。请仔细观察图 11.4，看看它与图 11.3 有何不同。

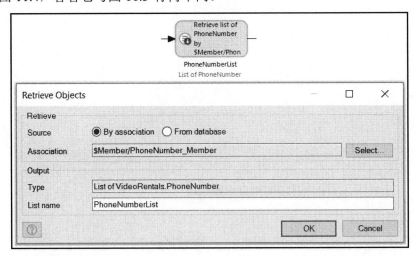

图 11.4　设置为一对多关联类型时通过 Member 关联检索 PhoneNumber

这里最大的不同是你现在返回的是一个电话号码列表。如果你只有一个与 Member 关联的 PhoneNumber 记录，那也没关系，在检索关联时它将始终以列表的形式表示。

这在概念上可能看起来很简单，但它确实会让新的开发人员摔跤。关联类型与你可以在微流中使用的结果类型直接相关。

11.2.3 多对多关联

多对多（many-to-many）类型的关联表示关联两侧的记录可以关联多条记录。以下是其中一些示例。

- ❏ 学生和课程（一名学生可以与多门课程相关联，反过来，一门课程也可以与多名学生相关联）。
- ❏ 求职者和工作职位（一名求职者可以对多个工作职位匹配，而一个工作职位也可以与多名求职者相关联）。

多对多关联在微流级别的行为类似于一对多关联。通过关联执行检索活动时，可以看到返回的列表。

对于关联及其行为的详尽描述，可以参考 Mendix 文档。其网址如下：

https://docs.mendix.com/refguide/associations

当应用程序开始扩展时，本节讨论的内容将为你的项目和域模型奠定基础。

当你开始处理以应用程序的不同功能区域为中心的不同类型的数据时，究竟应该如何开始呢？这也是接下来我们要详细讨论的问题。

11.3 构建功能模块

每个 Mendix 项目都由一组模块（module）组成。首次创建项目时，它将包含一个 System 模块和一个名为 MyFirstModule 的模块。随着项目的发展，你可能会添加更多模块。你可以将模块视为相似或相关功能的分组。

11.3.1 功能模块的意义

假设你要开发一款应用程序，其功能是开办一家在线商店，那么也许需要一个模块处理与库存相关的所有事情，另一个模块处理订购，还有一个模块处理客户及其数据。

模块的数量实际上取决于项目和它有多少不同的功能领域（通常取决于开发团队），以及公司实施的指导方针和治理等。

值得注意的是，每个模块都将包含自己的域模型。正如在前面的章节和示例项目中所看到的那样，域模型是你的项目的数据库（或数据模型）。到目前为止，我们已经在项目中使用 Member 和 PhoneNumber 构建了一个非常简单的域模型。但毋庸置疑，构建一个完整的视频租赁应用程序需要的绝不仅仅是这两个实体。

此外，存储在任何给定域模型中的每个实体中的数据都可以传递给包含在不同域模型中的函数和操作。这里的主要概念是将你的应用程序分解为各种域模型（它只是将功能分组）。在整个项目中，所有不同域模型中包含的数据都是可访问和可到达的。随着研究的深入和项目开发的推进，你将更深刻地理解这一点。

添加更多模块时的另一个考虑是每个模块都包含自己的一组用户角色和权限。每个模块中的用户角色都需要分配给项目级别的用户角色。这听起来有点令人困惑，但它其实是一个相当简单的概念。Mendix 有一些关于这个主题的不错的文档，值得一读，其网址如下：

https://docs.mendix.com/refguide/user-roles#1-introduction

接下来，我们将讨论跨模块关联实体，并解释为什么要这样做以及这样做的一些陷阱。

11.3.2　可重用模块

随着你向项目中添加越来越多的模块，将不同模块之间的实体关联起来可能会变得很重要。这不一定是一件坏事，也不是完全不符合最佳实践，但它确实需要经过深思熟虑和计划。

模块的设计尽可能少地依赖其他模块。这包括诸如实体、页面、微流、常量、枚举、图像、规则等工件，以及你在项目的 Project Explorer（项目资源管理器）窗口中看到的任何其他内容。

如果对其他模块的依赖很少或没有，那么你可以轻松地从项目中导出模块并将其导入另一个项目中。或者更好的结果是，从项目中导出模块并在 Mendix 公共应用程序商店或你的私人 Mendix 公司应用程序商店中提供它。

无论使用哪种方式，都应该尝试以可重用的方式设计你的模块。当然，这并不适用于所有模块，因为它们可能非常特定于你的应用程序及其提供的功能。

可导出和可重用模块的一些示例如下。

❑ 脚本模块：负责处理和执行脚本的通用逻辑。

❑ 通知模块：可生成电子邮件或与用于发送短信的第三方解决方案集成。

❑ 支付处理模块：与支付解决方案提供商（如支付宝或微信支付）集成。

这些模块可以在任何应用程序中使用，并且可能需要以它们对项目中其他模块的依赖最小的方式构建。当然，这些只是一部分思路，毫无疑问，你还会想到很多其他的模块。

11.3.3 创建跨模块关联

将不同模块之间的实体关联起来即称为创建跨模块关联（cross-module association），创建跨模块关联的过程与在同一模块中关联两个实体的方式略有不同。现在让我们来看一下创建此类关联的具体步骤。

（1）双击你希望用作父实体的实体以打开其 Properties（属性）窗口。

（2）在 Properties（属性）窗口中，单击 Association（关联）选项卡，然后单击 New（新建）按钮，如图 11.5 所示。

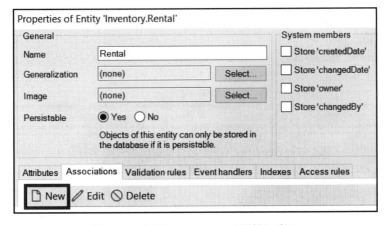

图 11.5 实体的 Properties（属性）窗口

（3）在 Select Entity（选择实体）窗口中，通过单击选择要关联的实体，这里选择的是 Member，如图 11.6 所示。

（4）单击 Select（选择）按钮。

现在在 Properties（属性）窗口中可以看到一个新关联，如图 11.7 所示。

在域模块中，关联的视觉表示也略有不同。在图 11.8 中可以看到，关联显示在窗口之外，表示该关联是与另一个模块中的实体关联在一起的。

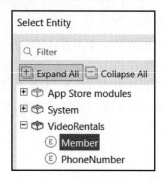

图 11.6　在 Select Entity（选择实体）窗口中选择想要关联的实体

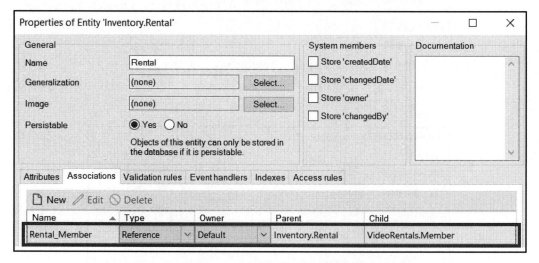

图 11.7　Properties（属性）窗口中的新关联详细信息

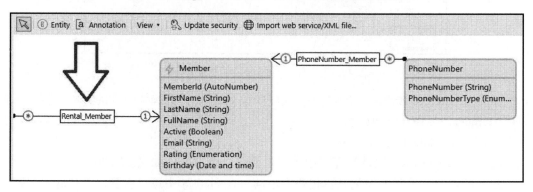

图 11.8　与另一个模块中的实体建立的关联

要快速查看关联另一侧的实体，可以右击代表关联的线并选择 Go to other side（转到另一侧）选项，本示例的另一侧是 Inventory.Rental，如图 11.9 所示。

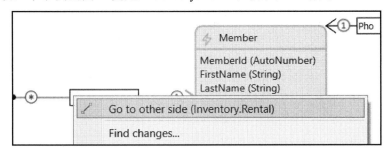

图 11.9　右击跨模块关联

通过选择 Go to other side（转到另一侧）选项，你将被带到另一个模块中的另一个实体。这是跨模块跳转到实体的一个很好的捷径。

注意：

本小节仅出于解释目的讨论了步骤（1）～步骤（4）。请勿在你自己的项目中执行上述操作。

接下来，我们将讨论实体的特化和泛化。

11.4　理解实体的泛化和特化

如果你没有相关经验，那么理解泛化（generalization）和特化（specialization）的概念可能会有点棘手。让我们举例来说吧，在现实世界中，可以找到许多对象，这些对象是其他对象的特殊版本。例如，术语"昆虫"描述了具有许多特征的非常普遍的生物类型。由于蚱蜢和大黄蜂都是昆虫，所以它们都具有昆虫的一般特征，但是它们又各自具有自己的特点，例如，蚱蜢有跳跃的能力，而大黄蜂则有螫针。蚱蜢和大黄蜂是昆虫的特殊版本。所以，在这里，昆虫是一个泛化对象，而蚱蜢和大黄蜂则是特化对象。

11.4.1　泛化和特化实体

在 Mendix 中，简而言之，泛化实体位于层次结构的顶部，而特化是泛化实体的定制版本。图 11.10 显示了它们在域模型中的样子。

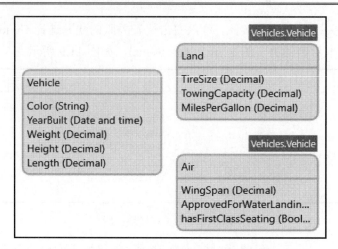

图 11.10　包含泛化和特化实体的域模型

如图 11.10 所示，现在你有一个域模型，其中包含一个名为 Vehicle 的实体。Vehicle 包含对任何运载工具都通用的属性，如 Color（颜色）、YearBuilt（出厂日期）和 Weight（自重）等。但是，该应用程序需要处理一些非常特殊的运载工具类别：在陆地上行驶的运载工具和在空中飞行的运载工具。在这种情况下，你决定创建特化实体来表示在陆地上行驶的运载工具（Land）和在空中飞行的运载工具（Air），因为这些运载工具中的每一个都有你想要捕获的特定属性。

此外，将对陆地运载工具特别有用的属性与对空中运载工具特别有用的属性存储在一起是没有意义的。卡车可能永远不需要存储 WingSpan，因为它没有机翼。

11.4.2　设置泛化和特化实体之间的关系

你可能还会注意到，在图 11.10 中，泛化由特化实体上方的蓝色标签表示。这表示泛化的模块名称和实体名称。

泛化实体和特化实体之间的关系是在特化实体上设置的。其操作步骤如下。

（1）打开实体的 Properties（属性）窗口。

（2）单击 Generalization（泛化）旁边的 Select（选择）按钮。

（3）选择目标泛化实体，如图 11.11 所示。

就像这世界上的很多事物一样，选择使用泛化和特化实体也有利有弊。接下来我们将简单阐述其优缺点。

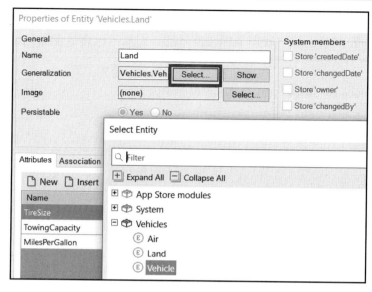

图 11.11 设置泛化

11.4.3 优点

如果两个实体之间没有实际关联，那么 Mendix 不需要像两个实体之间的一对一关联那样存储关联表。

如果泛化组件和特化组件总是需要一起修改，那么你的微流将会变得更容易维护，并且不需要额外的检索或提交活动。

11.4.4 缺点

先介绍一个前提知识，Mendix 在对数据库执行活动时使用事务（transaction）的概念，有关详细信息，可参考以下网址：

https://en.wikipedia.org/wiki/Database_transaction

如果你提交一个特化实体，那么项目可能会将该实体的所有泛化都置于锁定状态。基本上，这意味着没有其他进程可以读取或修改该记录。对于事务量低的应用程序来说，这可能不是问题，但它肯定值得考虑，因为它可能成为主要的性能瓶颈。

此外，每个实体都可能有自己的事件处理程序，并可能导致结果冲突。考虑到这一点，不建议使用超过一个层级的特化。这意味着需要避免如图 11.12 所示的设置。

图 11.12 是一个多级特化模式，其中，Entity3 是 Entity4 的泛化，Entity2 是 Entity3

的泛化，Entity1 是 Entity2 的泛化。虽然这并没有错，Mendix 允许你这样做，但它可能会导致你的项目在未来出现一些严重的性能问题，因此建议你尽量避免这种情况。

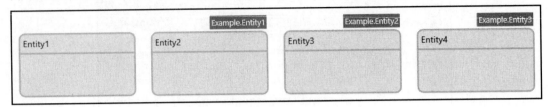

图 11.12　多级特化

11.4.5　关于继承的讨论

最后，还需要了解你尝试做的每件事情的利弊。所谓"谋定而后动，知止而有得"，这需要深思熟虑的计划，对最终产品（你的应用程序）的预期用途有深刻的了解，有时还需要与一两个值得信赖的同事进行对话以权衡利弊。

泛化和特化——即所谓的继承（inheritance）经常在项目中被滥用，并给开发人员和用户带来了一个令人头疼的世界。限于篇幅，我们无法深入讨论此功能的各个方面，对此感兴趣的读者可以参考 Mendix 相关主题的文档，其网址如下：

https://docs.mendix.com/refguide/generalization-and-association

接下来，我们将采用本章讨论过的一些概念，将它们应用到示例项目中，以帮助构建域模型，并为第 12 章做好准备。

11.5　综　合　演　练

本节将把本章讨论过的一些主题付诸实践。我们将向项目中添加更多具有各种关联类型的实体，添加一两个新模块，并创建一些跨模块关联。

请按以下步骤操作。

（1）创建一个新模块并将其命名为 Inventory。为此，可以在 Project Explorer（项目资源管理器）的空白处右击，然后选择 Add module（添加模块）选项，如图 11.13 所示。

输入模块名称为 Inventory，然后单击 OK（确定）按钮。

（2）通过在 Project Explorer（项目资源管理器）中双击打开新模块的域模型，如图 11.14 所示。

（3）单击 Entity（实体）按钮并将新实体拖动到域模型中空白区域的任意位置，如图 11.15 所示。

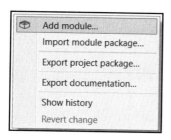

图 11.13　添加新模块

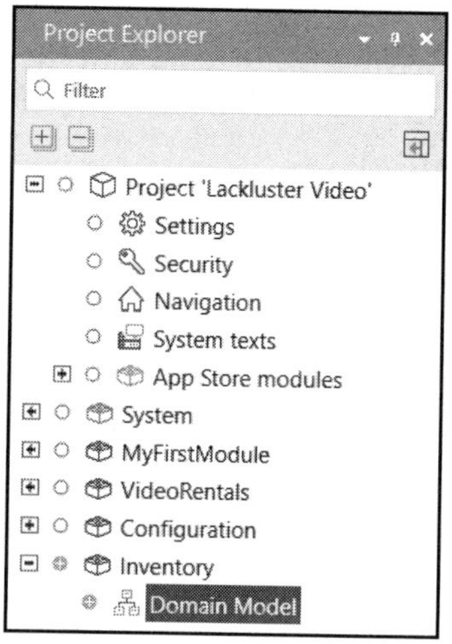

图 11.14　双击打开新模块的域模型

（4）将实体名称更改为 Movie。

（5）为实体添加以下特性。

❑　Title（type = String）

❑　Description（type = String）

❑　Rating（type = Decimal）

❑　ReleaseDate（type = Date and time）

完成后的结果如图 11.16 所示。

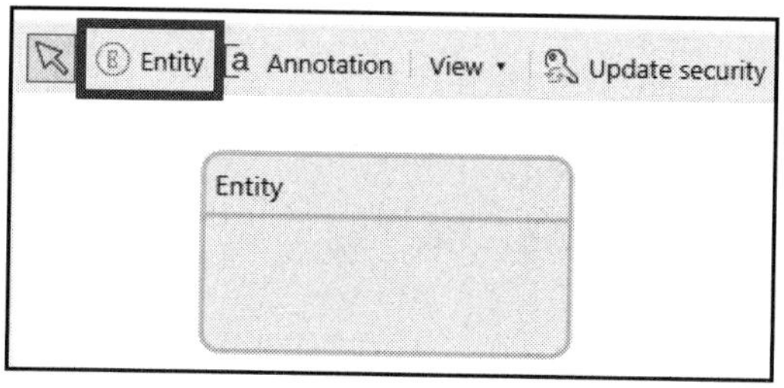

图 11.15　添加新实体

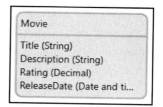

图 11.16　包含特性的 Movie 实体

（6）添加一个新实体并将其命名为 Rental。

（7）为其添加以下属性。

❑　RentedDate（type = Date and time）

❑　DueDate（type = Date and time）

（8）给 Movie 添加与 Rental 的关联，其中，Rental 可以与一个 Movie 相关联，而

Movie 可以与许多 Rental 相关联。

（9）检查你的域模型现在是否如图 11.17 所示。

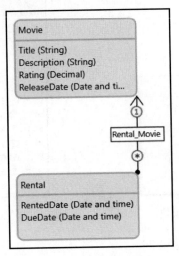

图 11.17　Inventory 域模型中的实体关联

（10）现在可以在 Rental 和 Member 之间添加跨模块关联。

一个 Member 应该有多个 Rental，而一个 Rental 应该只与一个 Member 相关联。有关如何添加此类关联的提示，请参阅 11.3.3 节"创建跨模块关联"。

（11）现在检查你的域模型是否如图 11.18 所示。

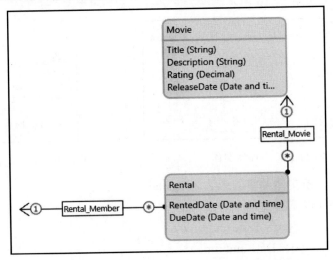

图 11.18　更新了跨模块关联的 Inventory 域模型

（12）添加另一个模块并将其命名为 Payment。

（13）在新的 Payment 模块中，添加一个新实体并将其命名为 Fee，并添加以下特性。

❑　RentalFee（type = Decimal）

❑　LateFee（type = Decimal）

❑　TotalAmountDue（type = Decimal）

❑　Discount（type = Decimal）

（14）为 Member 和 Rental 添加跨模块关联。两个关联都应该是来自 Fee 的一对多。

（15）检查你的域模块现在是否如图 11.19 所示。

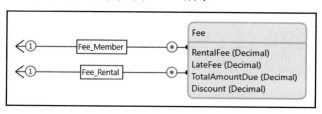

图 11.19　包含跨模块关联的 Fee 实体

（16）现在为刚刚添加的所有实体添加一些概览页面。

提示：

你应该还记得，右击实体，选择 Generate overview pages（生成概览页面）选项即可让 Studio Pro 自动生成概览页面，如图 11.20 所示。

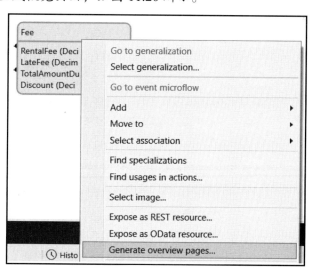

图 11.20　生成概览页面

现在你已经拥有所有新实体的概览页面，我们可以在主页上添加一些对它们的访问。

（17）在 Project Explorer（项目资源管理器）中，打开 Navigation（导航），如图 11.21 所示。

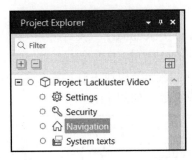

图 11.21　Project Explorer（项目资源管理器）窗口中的 Navigation（导航）

（18）在 Navigation（导航）窗口中，通过单击 New item（新建项目）按钮添加新项目。

（19）设置 Caption（标题）、Icon（图标）、On click（单击时）、Page（页面）属性，如图 11.22 所示。

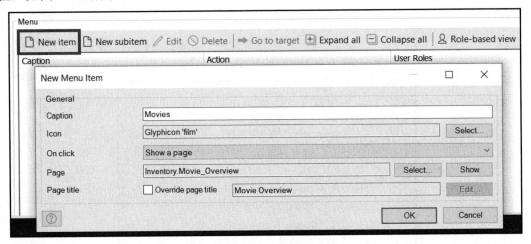

图 11.22　新的电影菜单项

（20）为 Rentals 添加另一个菜单项。有关设置值的信息请参见图 11.23。

（21）为 Fees 添加另一个菜单项。有关设置值的信息请参见图 11.24。

（22）现在可以在本地运行你的应用程序并查看刚刚添加的新页面和导航。

（23）添加一些会员记录和一些电影。

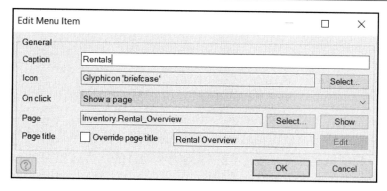

图 11.23　新的租赁菜单项

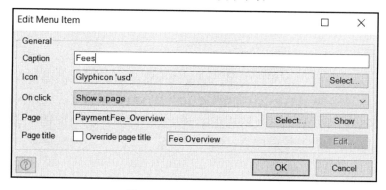

图 11.24　新的费用菜单项

（24）尝试添加一些租借记录并将它们与电影和会员相关联。有关示例，请参见图 11.25。

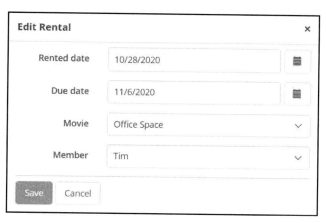

图 11.25　添加租赁记录的示例

本章的综合演练到此结束，它为第 12 章与真实的外部数据库集成并为我们的应用程序提取数据奠定了基础！

11.6　小　　结

本章涵盖了前面章节简要讨论过的若干个主题。这些主题中的每一个都可以帮助我们更好地理解域模型以及如何扩展它们，因为随着项目的推进和应用程序的演变，我们必然会需要越来越多的数据出现在应用程序中。

无论你构建何种类型的应用程序，数据都将是其核心。你对设置实体、模块和关联的了解越多，就越有可能做出更好的决策，随着时间的推移，你的应用程序也能更好地进行扩展。

本章讨论了各种关联类型。在构建应用程序时，了解用于连接实体的正确关联至关重要。虽然你也可以随时更改关联类型，但这样做可能会产生许多问题。例如，从一对多关联修改为多对多关联时，会将所有微流中的所有检索操作更改为返回一个列表而不是单个记录，这必然涉及添加迭代器和正确识别记录的方法。关键是，如果你必须这样做，那么它将是一个令人头疼的问题。因此，最好在第一次实现域模型时即采用正确的关联类型。

接下来，我们讨论了模块以及如何在它们之间关联数据。根据你的应用程序的大小，你最终可能会得到许多模块。努力保持模块很小，以及每个域模型中只有几个实体，这一点很重要。当然，这可能说起来容易做起来难，但尝试并坚持下去是一种很好的做法。

尝试将每个模块视为应用程序的潜在可导出块也是一个好主意，这些块可以导入并在其他应用程序中重用。

最后，我们还讨论了泛化和特化（即经常提到的继承）。继承提供了一些好处，但应该非常周到和谨慎地使用。请记住，尽量避免两层以上的继承，因为这可能会导致应用程序出现严重的性能问题。

第 12 章将使用本章 11.5 节"综合演练"期间添加的新模块和实体，使用 RESTful API 连接到第三方数据库，以在应用程序中处理外部数据。

11.7　牛 刀 小 试

测试你对本章讨论的概念的理解情况。答案将在第 12 章的"牛刀小试"后提供。

（1）泛化和特化也称为以下哪项？

    A．Inheritance

    B．Heritage

    C．共模关系

    D．相互依存

（2）判断正误：跨模块关联实体是不可能做到的。

    A．正确

    B．错误

（3）数据关联类型不包括以下哪项？

    A．one-to-many

    B．one-to-one

    C．many-to-many

    D．many-to-none

（4）判断正误：继承始终是比一对一关联更好的链接实体的最佳方法。

    A．正确

    B．错误

（5）判断正误：模块的域模型中至少需要包含一个实体。

    A．正确

    B．错误

第 10 章牛刀小试答案

以下是第 10 章牛刀小试的答案。

（1）重用表达式的最佳方法是什么？

    A．子微流

    B．特性

    C．规则

    D．Nanoflow

（2）包含特定值列表的特性称为什么？

    A．String

    B．Enumeration

    C．Integer

　　　　D．Datetime

（3）以下哪一种错误处理方法将恢复你所做的更改并允许你在遇到错误时创建自定义行为？

　　　　A．Rollback（回滚）

　　　　B．Custom with Rollback（自定义带回滚）

　　　　C．Custom without Rollback（自定义无回滚）

　　　　D．Continue（继续）

（4）除非绝对必要，否则应该避免使用哪一种错误处理方法？

　　　　A．Rollback（回滚）

　　　　B．Custom with Rollback（自定义带回滚）

　　　　C．Custom without Rollback（自定义无回滚）

　　　　D．Continue（继续）

（5）以下哪一项开发人员功能可以让你暂停微流？

　　　　A．Breakpoint

　　　　B．Stop point

　　　　C．Pause point

　　　　D．以上都是

第 12 章 REST 集成

开放和连接是促进事物发展的前提。人需要走出家门，融入社会，获取信息并互济互助；国家需要保持开放，促进人员和贸易的往来，这样才能不断发展强大；应用程序也是如此。我们身处一个无比巨大的网络世界，在现代，几乎每个应用程序都需要以某种方式连接到其他数据库或应用程序，或者与之集成，这样才能产生内容丰富且功能强大的应用。

有许多方法可以通过某种形式的 Web 服务交换数据，常见的方式包括简单对象访问协议（simple object access protocol，SOAP）、具象状态传输（representational state transfer，REST）和 GraphQL。

本章将讨论其中一种集成形式：REST API。具体来说，我们将讨论第三方 REST API，了解第三方 API 是什么、如何与之交互，并介绍 Studio Pro 中的关键工件，它们可以让你立即上手并建立连接。

本章将简要介绍如何从 Studio Pro 发布你自己的 REST API，并讨论一些对实现该功能很重要的工件。我们还将讨论安全性和身份验证的重要性，介绍 Mendix 提供的一些原生方法，以确保你的 API 可以保证数据安全无虞。

本章还将讨论作为 API 测试工具的 Postman。当然，API 测试工具有几十种（也许更多），我们介绍的仅仅是其中一个易于使用的示例。

在通读完本章之后，你将能够自信地执行以下操作。

❑ 在 Mendix 项目中使用 REST API。

❑ 从 Mendix 项目发布 REST API。

❑ 解释在 Mendix 项目中发布的 API 的基本安全和授权方法。

本章包含以下主题。

❑ 理解 REST。

❑ 测试集成。

❑ 使用 REST。

❑ 发布 REST。

❑ 了解基本安全和授权。

12.1　技术要求

本章示例项目可在以下网址的 Chapter12 文件夹中找到：

https://github.com/PacktPublishing/Building-Low-Code-Applications-with-Mendix

12.2　理解 REST

如前文所述，REST 是一种利用 HTTP(S)协议的 Web 服务。这是一种很好的集成方法，因为它易于实现且具有很大的灵活性。在使用 REST 时，客户端可以进行各种类型的调用，常见调用包括以下几种。

❑ GET：这相当于一个读取（read）请求，或一个旨在返回一条或多条记录的查询（query）请求。

❑ POST：客户端将提交一个 POST 请求以创建（create）一条或多条记录。

❑ PUT：此调用可更新（update）或替换（replace）目标应用程序中的一条或多条记录。

❑ DELETE：客户端将使用此调用来删除（delete）一条或多条记录（允许使用此方法时要小心）。

由此可见，上述 4 种类型的调用实际上对应数据库的增删改查（CRUD）操作。

客户端还可以请求以各种格式响应其调用，例如：

❑ XML：可扩展标记语言（extensible markup language）。网址如下：

https://en.wikipedia.org/wiki/XML

❑ JSON：JavaScript 对象表示法（JavaScript object notation）。网址如下：

https://en.wikipedia.org/wiki/JSON

❑ YAML：YAML 不是标记语言（YAML ain't markup language）。网址如下：

https://en.wikipedia.org/wiki/YAML

互联网上有无数资源可以帮助你更好地了解 REST 及其实现方式。本章将主要关注使用来自第三方服务的 JSON 格式的 GET 请求，然后还将在我们的示例应用程序中发布一个 REST 服务以了解它是如何完成的。

接下来，让我们先看看如何连接到第三方服务以及如何在 API 上运行一些初步测试。

12.3　测　试　集　成

在本章的余下部分，我们将与第三方网站合作，允许开发人员免费使用他们的 API。该网站的网址如下：

https://www.themoviedb.org

12.3.1　注册网站账户

我们将在该网站上创建一个账户并连接到他们的 API 之一，这样就可以通过一些简单的 REST GET 调用将有关电影的一些信息提取到我们的示例项目中。

请按以下步骤操作。

（1）在以下网页上填写所有详细信息以创建 The Movie DB 账户。

https://www.themoviedb.org/signup

（2）创建账户并登录后，可以导航至你的账户设置页面并选择 API 选项，请求一个新的 API 密钥。

（3）按照页面说明创建 API 密钥。

（4）在创建 API 密钥后，应该可以通过导航到你的账户设置页面并选择 API 来找到它。请参考图 12.1 中的示例。

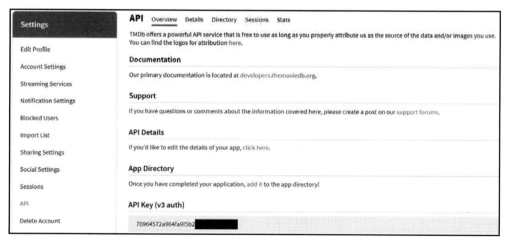

图 12.1　显示 API 密钥的账户设置页面

现在你已经有了 API 密钥，即可通过导航到以下页面来测试 Search Movies API 方法。

https://developers.themoviedb.org/3/search/search-movies

该文档表明有许多可能的参数可以添加到我们的请求中，但我们只需要关注 query 和 API_key 即可。图 12.2 显示了各种请求参数。

Query String

api_key	string	default: <<api_key>>	**required**
language	string	Pass a ISO 639-1 value to display translated data for the fields that support it. **minLength:** 2 **pattern:** ([a-z]{2})-([A-Z]{2}) **default:** en-US	optional
query	string	Pass a text query to search. This value should be URI encoded. **minLength:** 1	**required**
page	integer	Specify which page to query. **minimum:** 1 **maximum:** 1000 **default:** 1	optional
include_adult	boolean	Choose whether to inlcude adult (pornography) content in the results. **default**	optional
region	string	Specify a ISO 3166-1 code to filter release dates. Must be uppercase. **pattern:** ^[A-Z]{2}$	optional
year	integer		optional
primary_release_year	integer		optional

图 12.2　搜索电影方法的请求参数

12.3.2　测试 API 请求

该网站的开发人员部分还有一些不错的功能，允许你直接从浏览器测试 API 请求。为此，请执行以下步骤。

（1）导航到 Try it out（试用）选项卡，如图 12.3 所示。

（2）填写变量和查询选项的值，如图 12.4 所示。

（3）按如图 12.4 所示输入值后，单击 SEND REQUEST（发送请求）按钮。可以看到，当你在 Query String（查询字符串）选项中输入值时，其实就是在构建请求字符串，如图 12.5 所示。

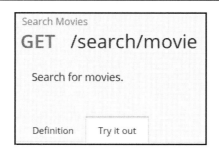

图 12.3　Try it out（试用）选项卡

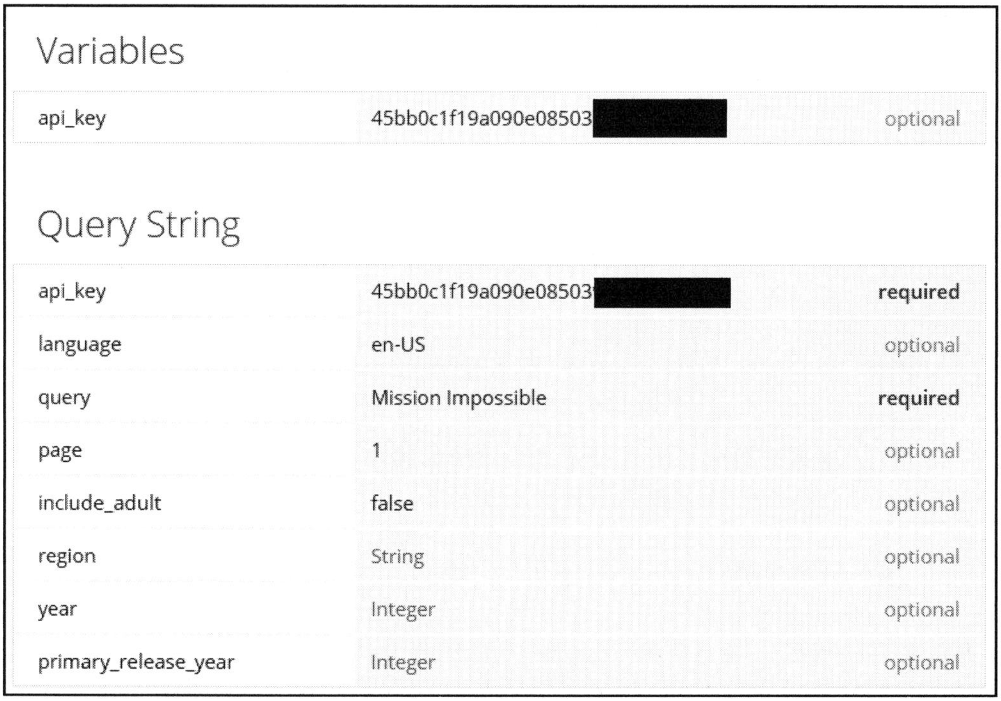

Variables		
api_key	45bb0c1f19a090e08503	optional

Query String		
api_key	45bb0c1f19a090e08503	required
language	en-US	optional
query	Mission Impossible	required
page	1	optional
include_adult	false	optional
region	String	optional
year	Integer	optional
primary_release_year	Integer	optional

图 12.4　填写变量和查询字符串选项

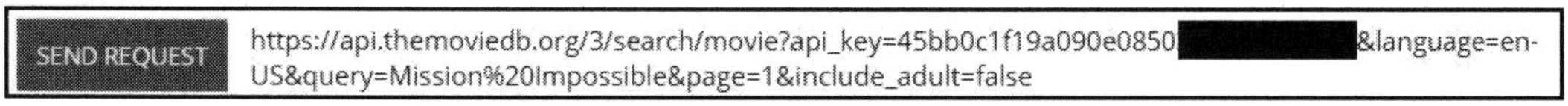

SEND REQUEST	https://api.themoviedb.org/3/search/movie?api_key=45bb0c1f19a090e0850█&language=en-US&query=Mission%20Impossible&page=1&include_adult=false

图 12.5　SEND REQUEST（发送请求）按钮和请求字符串

如果你的请求构建正确，则应该会看到类似图 12.6 所示的结果。

```
Response 200

Body   17 Headers   0 Cookies

Pretty   JSON Explorer   Raw

1    {
2      "page": 1,
3      "total_results": 21,
4      "total_pages": 2,
5      "results": [
6        {
7          "popularity": 83.214,
8          "vote_count": 5400,
9          "video": false,
10         "poster_path": "/AkJQpZp9WoNdj7pLYSj1L0RcMMN.jpg",
11         "id": 353081,
12         "adult": false,
13         "backdrop_path": "/aw4FOsWr2FY373nKSxbpNi3fz4F.jpg",
14         "original_language": "en",
15         "original_title": "Mission: Impossible - Fallout",
16         "genre_ids": [
17           28,
18           12
19         ],
20         "title": "Mission: Impossible - Fallout",
21         "vote_average": 7.4,
22         "overview": "When an IMF mission ends badly, the world is faced with dire consequences. As Etha
23         "release_date": "2018-07-13"
24       },
25       {
26         "popularity": 35.285,
27         "id": 954,
```

图 12.6 来自 API 请求的响应

由此可见，根据我们在该网站上通过这个简单的内置测试收到的响应，我们将能够模拟向服务器请求特定信息。

12.3.3 使用 Postman

现在让我们更进一步，在 The Movie DB 提供的工具之外对其进行测试。

有许多软件包可以为 API 测试提供资源。我们将简要介绍其中的一个工具，即 Postman，并在继续处理 Mendix 项目中的任何请求之前使用它测试 API。

以下步骤将指导你如何下载该应用程序并使用几分钟前从 The Movie DB 获得的一些信息发出简单请求。

（1）访问以下网址并按照页面提示下载 Postman 桌面应用程序。

https://www.postman.com/downloads/

（2）下载该应用程序后，单击+按钮创建新请求。

🛈 注意：

该程序有两个+按钮。注意不要创建新集合，而是使用中心选项卡窗格中的+按钮创建新请求。

（3）设置调用类型为 GET，请求 URL 为：

https://api.themoviedb.org/3/search/movie

如图 12.7 所示。

图 12.7　Postman 界面中提供的 GET 调用类型和请求 URL

（4）在 Params（参数）选项卡上，添加以下 Key（键）和 Value（值）对。

❑　Key（键）：api_key。
❑　Value（值）：你自己账户的 API 密钥。
❑　Key（键）：query。
❑　Value（值）：Mission Impossible（碟中谍）。
❑　Key（键）：page。
❑　Value（值）：1。

如图 12.8 所示。

KEY	VALUE	DESCRIPTION
☑ api_key	45bb0c1f19a090e■■■■	
☑ query	Mission Impossible	
☑ page	1	
Key	Value	Description

图 12.8　配置的请求和参数

（5）在 Authorization（授权）选项卡上，将 TYPE（类型）设置为 No Auth（未授权），如图 12.9 所示。

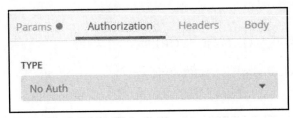

图 12.9　将 TYPE（类型）设置为 No Auth（未授权）

（6）按照步骤（3）～步骤（5）中的说明配置所有值后，单击 Send（发送）按钮。

此时你应该会收到来自 The Movie DB API 的响应，如图 12.10 所示。它看起来与在与图 12.6 相关的步骤中直接在网站上测试 API 时收到的响应非常相似。

```
Body   Cookies   Headers (15)   Test Results

  Pretty    Raw    Preview       JSON  ▼    ⇥

  1  {
  2      "page": 1,
  3      "total_results": 21,
  4      "total_pages": 2,
  5      "results": [
  6          {
  7              "popularity": 83.214,
  8              "vote_count": 5400,
  9              "video": false,
 10              "poster_path": "/AkJQpZp9WoNdj7pLYSj1L0RcMMN.jpg",
 11              "id": 353081,
 12              "adult": false,
 13              "backdrop_path": "/aw4FOsWr2FY373nKSxbpNi3fz4F.jpg",
 14              "original_language": "en",
 15              "original_title": "Mission: Impossible - Fallout",
 16              "genre_ids": [
 17                  28,
 18                  12
```

图 12.10　Postman 中的响应

非常好，看起来我们的请求配置完全正确，成功地收到了第三方 API 的响应。

ⓘ **注意：**

Postman 是一个很棒的 API 测试工具。如前文所述，它是可供开发人员使用的众多工具之一。如果你对其他测试 API 的工具感到满意，则可以继续使用你自己喜欢的工具。本教程只是为了让你了解如何测试 API 以及一个可能的工具选项。现代软件开发的伟大之处在于，开发人员可用的工具太多了，你完全可以找到适合自己的工具。

还值得注意的是，在你的 Mendix 项目中测试 API 之前，并不是必须使用 Postman 等工具对其进行测试。根据你对 API 请求的熟悉程度，你也可以选择直接进入 Studio Pro 并开始测试。当然，许多人发现，在 Studio Pro 之外使用测试工具对于了解请求语法和响应有效负载是有帮助的。无论采用哪种方式，都由你自己决定。

现在我们对该 API 以及构建请求的方式充满信心，接下来就可以在 Mendix 示例项目中将其全部连接起来。接下来让我们看看如何做到这一点。

12.4　使用 REST

使用 REST API（consuming a REST API）只是表明你的应用程序正在使用该 REST API 或对其进行调用的一种方式。该调用可以是 GET、POST 或可用于该 API 的任何调用类型，而该 API 已被另一个应用程序提供并且你已连接到该调用。

本节将讨论哪些 Mendix 本机工具可帮助你将应用程序连接到 REST API 并开始使用它。12.7 节"综合演练"会将这些内容付诸实践。

12.4.1　JSON 结构

我们要讨论的第一个工件称为 JSON 结构（JSON structure）。它允许存储一个 JSON 字符串来帮助定义其构造方式，然后，这允许 Studio Pro 创建模式（schema）结构并最终定义 Mendix 对象。

JSON 结构由两个主要组件组成：JSON 片段（JSON snippet）和结构（Structure）。

JSON 片段只是 JSON 字符串，而结构则有助于定义模式和 Mendix 对象。图 12.11 显示了它们的相应示例。

JSON 结构将成为本章构建的集成以及未来集成的核心功能之一。

除 JSON 结构外，Mendix 还提供了另一种定义入站（inbound）或出站（outbound）消息结构的方法。

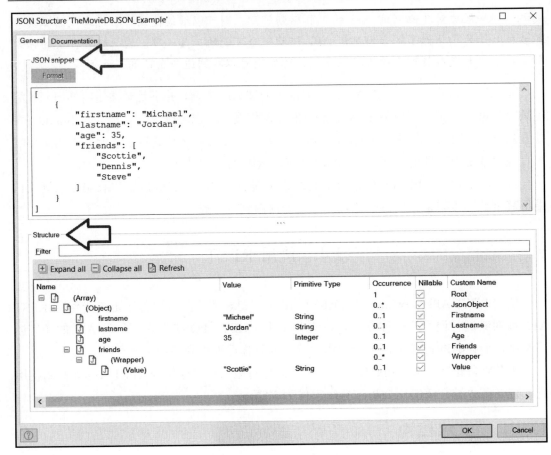

图 12.11　JSON 结构示例

消息定义（message definition）允许你定义消息的结构、创建导入和导出映射，并且可以与 JSON 或 XML 一起使用。有关消息定义的更多信息，请访问以下链接：

https://docs.mendix.com/refguide/message-definitions

12.4.2　导入映射

使用 API 时需要我们熟练掌握的另一个重要工件是导入映射（import mapping）。导入映射定义了你希望在响应负载中接收的数据的模式。它由以下组件组成。

　　❑　Schema source（模式源）：你可以在此处选择模式的来源。如图 12.12 所示，这

里有若干个选项。你可以选择 XML schema（XML 模式）、Web service operation
（Web 服务操作）、JSON structure（JSON 结构）或 Message definition（消息定
义）。在此示例中，使用了在 12.4.1 节中设置的 JSON structure（JSON 结构）。

❑　Schema elements（模式元素）：选择 Schema source（模式源）后，Studio Pro
会将其转换为可选元素，如图 12.12 所示。Schema elements（模式元素）定义了
特性名称、类型、它们预期出现的频率（一次或多次）以及特性是否为空。

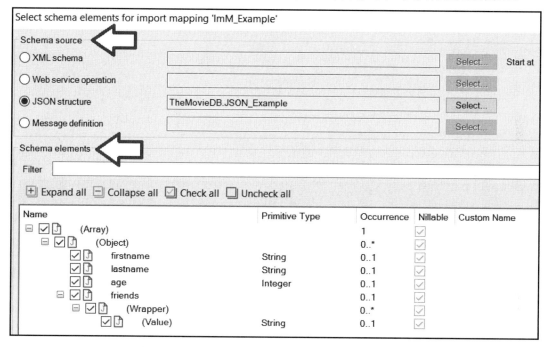

图 12.12　使用 JSON 结构作为源设置导入映射模式

选择模式源（Schema source）并选择 Schema elements（模式元素）后，Studio Pro
可以自动定义和生成传入数据将映射到的 Mendix 实体。请参考图 12.13，了解如何在导
入映射中直观地表示这一点。

当然，你可能希望清除一些默认命名约定以使它们在你的域模型中更有意义，例如，
Root 或 JsonObject 在如图 12.13 所示的导入映射的上下文之外可能有点意味不明，甚至
可能和其他名称重叠。但是，这完全取决于你希望如何实现每个集成。图 12.13 只是显示
了 Studio Pro 的默认行为。

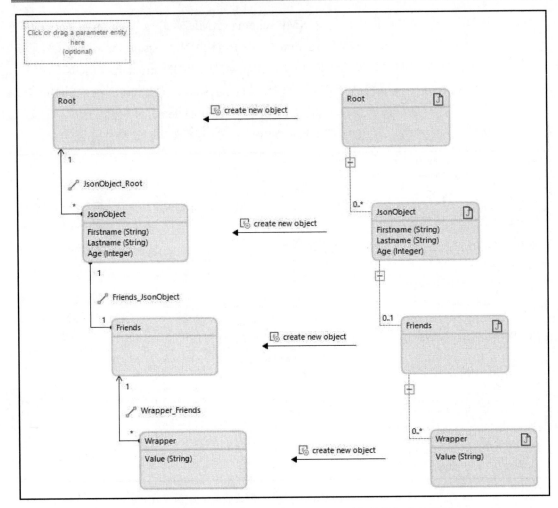

图 12.13　使用定义的 JSON 对象和 Mendix 对象的导入映射示例

12.4.3　消息定义

我们要讨论的最后一个工件是消息定义（message definition）。

消息定义提供了一种额外的方法来定义应用程序正在使用（或产生）的消息的结构。类似 JSON 结构，消息定义由以下主要组件组成。

❑　General（常规）：可以在此处定义名称并选择组成消息定义的实体。

❑　Structure（结构）：可以在此处选择在 General（常规）设置区域中选择的基础

实体的特性和关联实体。在此区域中选择的任何内容都与导入映射中可用的内容直接相关。

图 12.14 显示了一个选择了 Name（名称）和 Entity（实体）以及其他一些特性的消息定义示例。

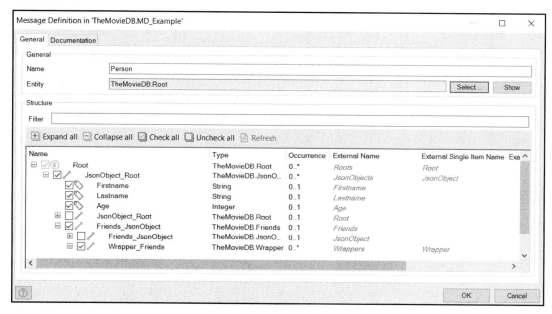

图 12.14 消息定义示例

可以选择 Message definition（消息定义）作为导入映射的模式源。在图 12.12 中，显示了 JSON structure（JSON 结构）被选为 Schema source（模式源）。而在图 12.15 中，可以看到已选择 Message definition（消息定义）作为 Schema source（模式源）。

这些是 Mendix 现成可用的一些重要的工件，可用于处理 REST API。限于篇幅，本章无意描述每个工件的每一个细节，而只是概述了它们是什么、它们做什么以及如何使用它们。此外，关于此主题，网络上还有许多其他有用的资源。以下网址提供了在 Mendix 中使用 REST API 的实用教程：

https://www.youtube.com/watch?v=NJD4DS0Rv3o

信息交流是一个双向的过程，我们可以使用其他应用程序提供的 API 接口，自然也可以从自己的应用程序发布 REST API，以供其他应用程序使用。接下来就让我们来看看这是怎么做到的。

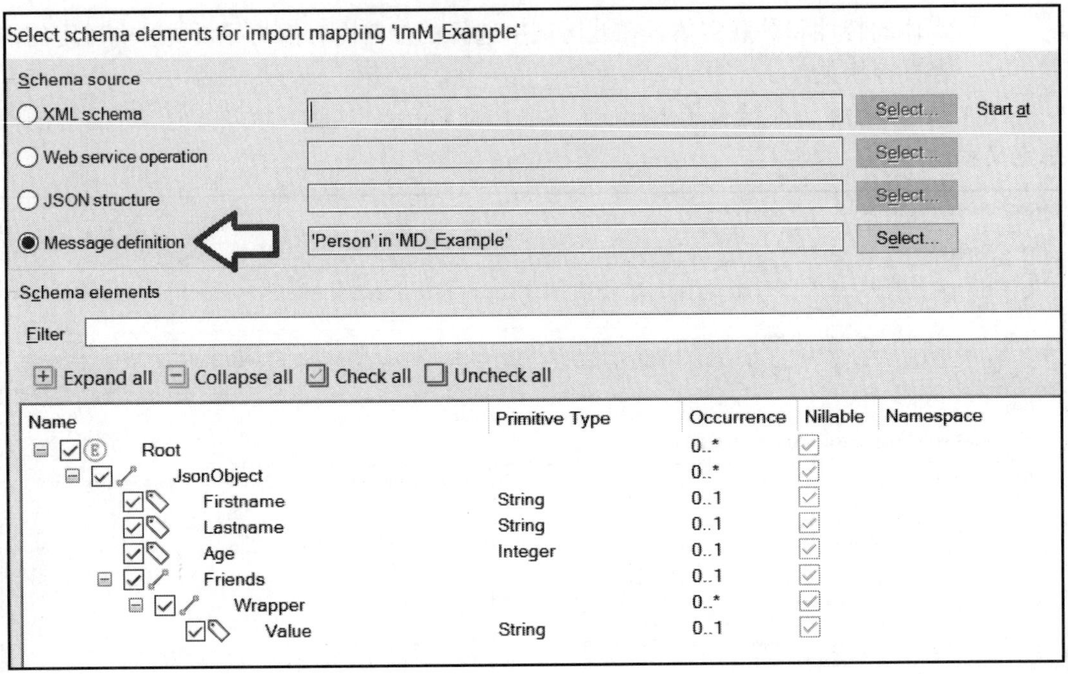

图 12.15　以消息定义为源设置导入映射模式

12.5　发布 REST

12.4 节阐释了使用 REST API 的概念，并介绍了如何使用一些 Mendix 原生工件来帮助实现这一点。本节将研究反方向的操作，即如何发布 REST API 以供其他应用程序使用。

如果你希望将自己应用程序的一些数据提供给其他应用程序或服务，则实现此目标的方法之一是发布其他应用程序或服务可以使用的 REST API。

Mendix 只需几个简单的步骤即可轻松完成此任务。本节将讨论导出映射和已发布的 REST 服务，它们是构建已发布 API 的两个关键组件。

12.5.1　导出映射

与导入映射类似，导出映射（export mapping）也定义了数据的模式，但它不是你期望接收的数据，而是你将发送到请求它的其他应用程序的数据。

导出映射由与导入映射相同的关键元素组成：模式源（Schema source）和模式元素

（Scheme elements）。两者的功能与导入映射完全一样。事实上，你会注意到导出映射和导入映射之间唯一真正的区别之一是数据如何表示流动的方向。

可以看到，在图 12.16 中，数据可视地显示为从左向右流动，即从 Mendix 实体到 JSON 对象，象征着它正在离开应用程序，而在图 12.13 中，我们看到了相反的情况，数据被描述为从右向左流动，即进入应用程序。

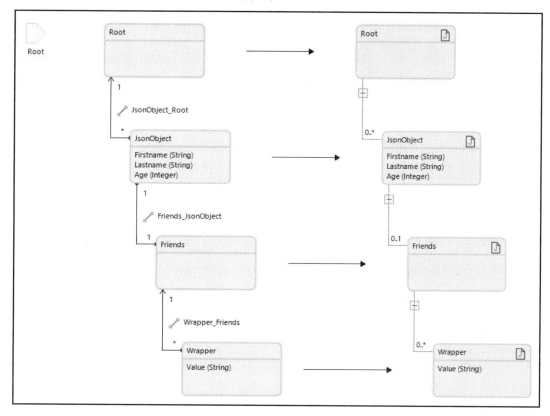

图 12.16　导出映射示例

这是一个微妙的区别，但也是需要注意的一个重要区别。

12.5.2　已发布的 REST 服务

已发布的 REST 服务（published REST service）允许你发布 REST Web 服务，它是单个 API 或 API 方法的集合。这是 Mendix 项目中的原生功能，并且在 Studio Pro 中有完善的配置。已发布的 REST 服务由若干个组件组成。其中一些组件介绍如下。

❑ General（常规）：在该设置区域中，可以定义服务名称、服务版本及其位置。可以看到，在图 12.17 中，Location（位置）的基本 URL 被定义为 http://localhost: 8081/。这是因为该应用程序在 Studio Pro 中以本地方式运行。部署到云节点后，基本 URL 会自动更新为云节点的基本 URL。你也可以定义端点，但一般来说，建议的命名约定是合适的，故不必修改。

General	
Service name	ExampleRestService
Version	1.0.0
Location	http://localhost:8081/rest/examplerestservice/v1

图 12.17　已发布的 REST 服务的常规设置

❑ Resources（资源）和 Operations for resource（对资源的操作）：这是已发布的 REST 服务的其他主要组件。Resources（资源）通常是服务所作用的实体或操作。举例来说，现在你有一组 API 调用，并且有一个名为 Course 的资源，所有这些调用都以 Course 实体为中心，这可能是一个用于查询课程的 GET 操作和用于创建新课程的其他服务的 POST 操作；无论采用哪种方式，实际上都是对 Course 的基本实体执行增删改查（create/read/update/delete，CRUD）操作。图 12.18 显示了名为 Course 的资源和对 Course 资源的 GET 操作。

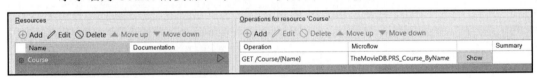

图 12.18　资源和操作示例

Operation（操作）是定义 API 的许多特定选项和功能的地方。具体介绍如下。

❑ Method（方法）：API 可定义的方法包括 GET、POST、PUT、PATCH、DELETE、HEAD 和 OPTIONS。在 12.2 节"理解 REST"中已经介绍了常见的 4 种方法。

❑ Operation path（操作路径）：包含操作路径值，允许在 URL 中使用该值调用 REST 服务，该值用作请求的路径参数类型。

❑ Example location（示例位置）：该 API 的完整 URL。

❑ Microflow（微流）：当另一个服务向你的服务发出请求时，实际执行的是哪个微流。

❑ Parameters（参数）：就像微流接收输入参数一样，许多 API 也可以接收输入参数。你可能需要传递记录的 ID 或名称。在微流中定义这些参数将允许它们在 Operation（操作）设置中连接，如图 12.19 所示。

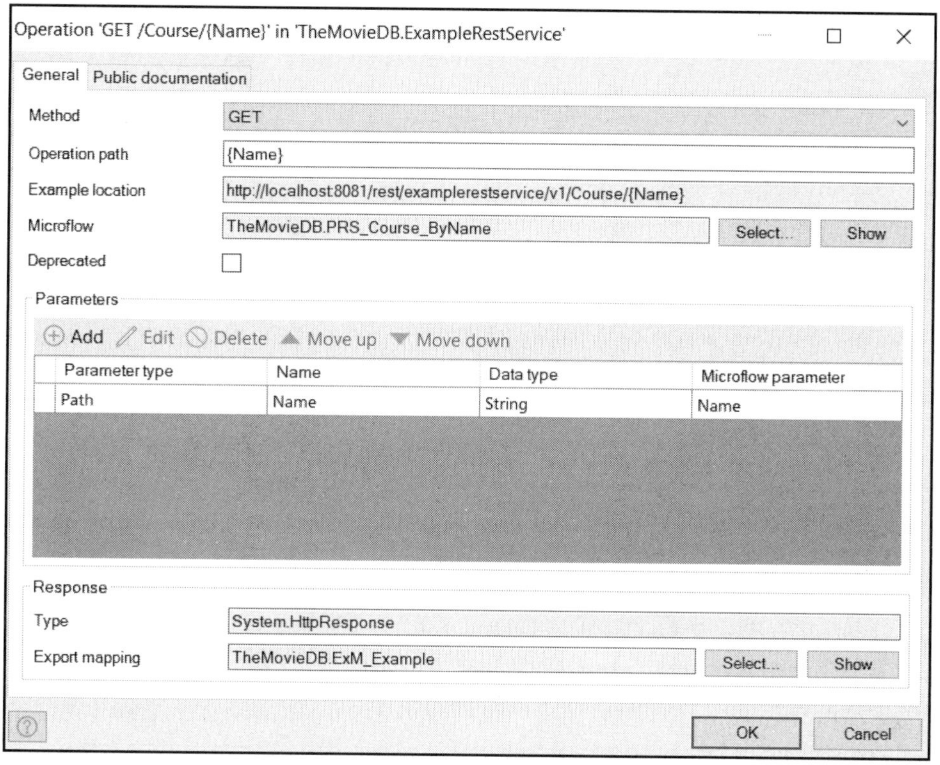

图 12.19　Operation（操作）示例

以上是从 Studio Pro 发布 REST API 时使用的主要工件。熟悉并使用这些原生功能将允许你创建强大、易用的 REST API，以供其他程序使用。

接下来，我们将简要讨论一些基本的安全和授权方法，以确保你的数据安全。

12.6　了解基本的安全和授权

在设计和构建任何应用程序时，都应始终将安全放在首位。这在考虑哪些用户能够访问哪些数据时是正确的，并且当你开始向外界公开某些数据时将变得更加重要。值得庆幸的是，Mendix 可以非常轻松地将你的 Web 服务包装成安全的。

Mendix 在安全性方面提供了一些原生选择，具体如下。

❑　None（无）：顾名思义，该选项意味着不需要安全性或身份验证。这种方法应该非常谨慎地使用，也许只应在开发的测试阶段使用。

❑　Username and password（用户名和密码）：这通常被称为"基本授权"。它要求其他应用程序或客户端在请求的 Authorization（授权）标头中传递有效的用户名和密码。

❑　Active session（活动会话）：这是另一层的安全性，要求请求客户端具有活动会话并在请求头中传递 X-Csrf-Token。如果你刚开始使用这种安全性，那么可能会存在某些困惑，但 Mendix 有一些很好的详细文档，其网址如下：

https://docs.mendix.com/refguide/published-rest-service#1-introduction

❑　Custom（自定义）：每次用户或客户端发出访问资源的新请求时，此身份验证方法都会调用微流。例如，如果你选择让用户传递加密的身份验证令牌，则可以使用此方法。

ⓘ 注意：

如果项目级别安全性设置为 Production（生产），则这些安全性和身份验证方法仅在已发布的 REST 服务上可见。

请注意图 12.20 中可选择的各种身份验证方法。由于存在不同的身份验证方法，因此最好为你的公司制定最佳实践。让所有应用程序以相同方式进行身份验证是一个好主意。这将帮助你的所有团队、开发人员和用户在同一页面上，并在设置新服务时消除猜测。

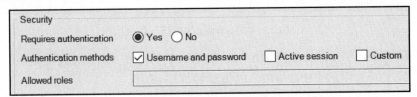

图 12.20　已发布的 REST 服务的 Security（安全）选项

现在你几乎已掌握了使用 REST API、从应用程序发布你自己的 API 以及应用安全性等方法。接下来，让我们将本章讨论的一些概念践行于项目中。

12.7　综 合 演 练

本节将利用我们已经了解的有关 Postman 的 GET 请求 API 调用的内容，并开始在

Studio Pro 中构建请求。

12.7.1　设置新模块和工件

在实际连接到 API 之前，需要先在项目中设置一个新模块和一些工件。

请按以下步骤操作。

（1）在项目中添加一个新模块并将其命名为 TheMovieDB，如图 12.21 所示。

图 12.21　添加新模块

（2）右击新模块并选择 Add other（添加其他）选项，然后选择 JSON structure（JSON 结构）选项来添加新的 JSON 结构，如图 12.22 所示。

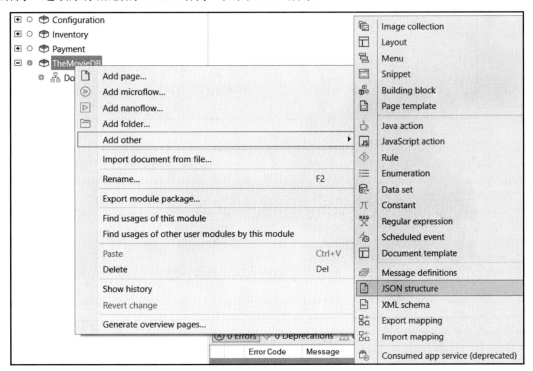

图 12.22　添加 JSON 结构

（3）将其命名为 JSON_Movie。

（4）在 Postman 中，向 MovieDB 发出与 12.3 节"测试集成"中图 12.10 相关的步骤中发出的请求相同的请求。

（5）成功向 MovieDB 发出请求后，复制该结果，如图 12.23 所示。

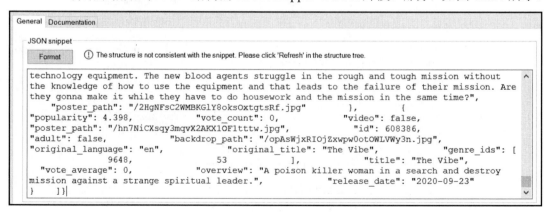

图 12.23　Postman 中的 JSON 结果

（6）将结果粘贴到 JSON 结构的 JSON snippet（JSON 片段）部分，如图 12.24 所示。

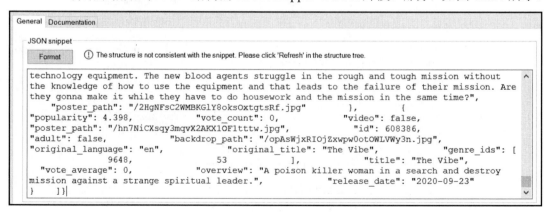

图 12.24　JSON 结构的 JSON snippet（JSON 片段）部分中未格式化的 JSON 字符串

（7）单击 Format（格式）按钮以清理 JSON 片段的格式，这样可使其更具可读性，如图 12.25 所示。

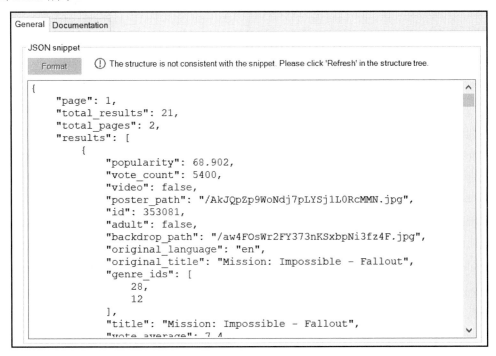

图 12.25　JSON 结构的 JSON snippet（JSON 片段）部分中格式化的 JSON 字符串

这里一个可选但推荐使用的步骤是清理 JSON 片段。因为你要显示来自真实请求的实际结果，所以示例片段中存储了真实数据。并且因为我们将整个 JSON 字符串粘贴到片段中，所以有很多不必要的结果迭代，故应修剪结果，然后概括剩下的内容。

由于 results 是一个列表，该列表在 JSON 中用 [（左方括号）表示，我们可以删除除第一个之外的所有结果。你的 JSON 片段现在应如下所示：

```json
{
    "page": 1,
    "total_results": 21,
    "total_pages": 2,
    "results": [
        {
            "popularity": 68.902,
            "vote_count": 5400,
```

```
"video": false,
"poster_path": "/AkJQpZp9WoNdj7pLYSj1L0RcMMN.jpg",
"id": 353081,
"adult": false,
"backdrop_path": "/
        aw4FOsWr2FY373nKSxbpNi3fz4F.jpg",
"original_language": "en",
"original_title": "Mission: Impossible - Fallout",
"genre_ids": [
    28,
    12
],
"title": "Mission: Impossible - Fallout",
"vote_average": 7.4,
"overview": "When an IMF mission ends badly,
    the world is faced with dire consequences.
    As Ethan Hunt takes it upon himself to
    fulfill his original briefing, the CIA
    begin to question his loyalty and his
    motives. The IMF team find themselves in
    a race against time, hunted by assassins
    while trying to prevent a global catastrophe.",
"release_date": "2018-07-13"
        }
    ]
}
```

但我们不要止步于此！现在来概括一下存储在片段中的结果。

现在可以通过删除引号之间的文本来更改任何字符串值。例如，"Remove Me"可读取为""。对于任何整数或十进制值，可将数字更改为 1 或 1.0。例如，"vote_count": 5400 现在可读取为"vote_count": 1。完成后的 JSON 片段应如下所示：

```
{
    "page": 1,
    "total_results": 1,
    "total_pages": 1,
    "results": [
        {
            "popularity": 1.0,
```

```
        "vote_count": 1,
        "video": false,
        "poster_path": "",
        "id": 1,
        "adult": false,
        "backdrop_path": "",
        "original_language": "",
        "original_title": "",
        "genre_ids": [
            1,
            2
        ],
        "title": "",
        "vote_average": 1.0,
        "overview": "",
        "release_date": "2018-07-13"
    }
  ]
}
```

以这种方式清理你的 JSON 片段将使其更具可读性和更易于维护。它还删除了直接存储在项目中的任何潜在敏感数据。

（8）在 JSON 结构窗口的 Structure（结构）部分，单击 Refresh（刷新）按钮将代码片段同步到结构，如图 12.26 所示。

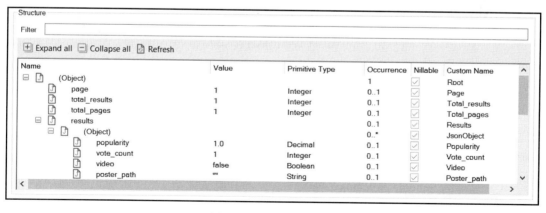

图 12.26　刷新后的结构

（9）完成后，单击 OK（确定）按钮保存并关闭新的 JSON 结构。

（10）现在可以通过右击模块并选择 Add other（添加其他）| Import mapping（导入映射）选项来添加新的导入映射，如图 12.27 所示。

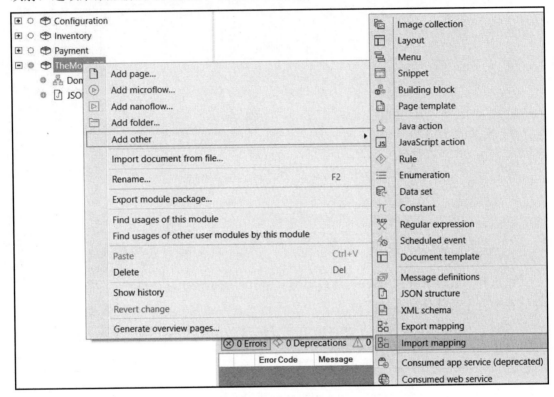

图 12.27　添加导入映射

（11）将导入映射命名为 ImM_Movie。

（12）将刚刚在步骤（2）～步骤（9）中创建的 JSON 结构设置为 Schema source（模式源），如图 12.28 所示。

（13）选择 Schema source（模式源）后，在 Schema elements（模式元素）部分，单击 Expand all（全部展开）按钮，然后选中 Check all（全部检查）复选框以选择模式中的所有元素。你的 Schema elements（模式元素）部分现在如图 12.29 所示。

（14）一旦一切看起来与图 12.29 类似，则可以单击 OK（确定）按钮。

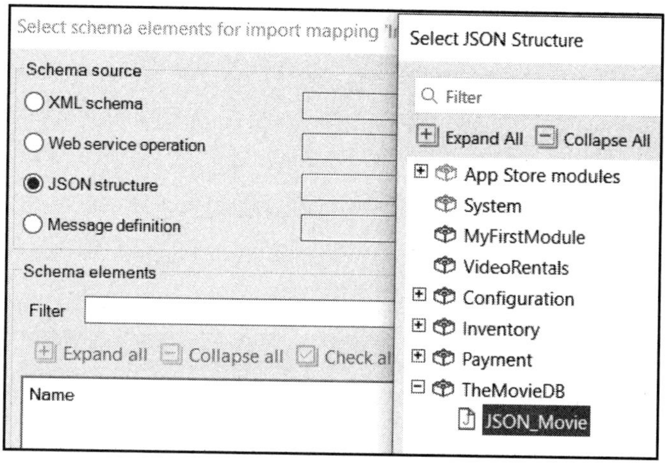

图 12.28　选择 JSON 结构作为 Schema source（模式源）

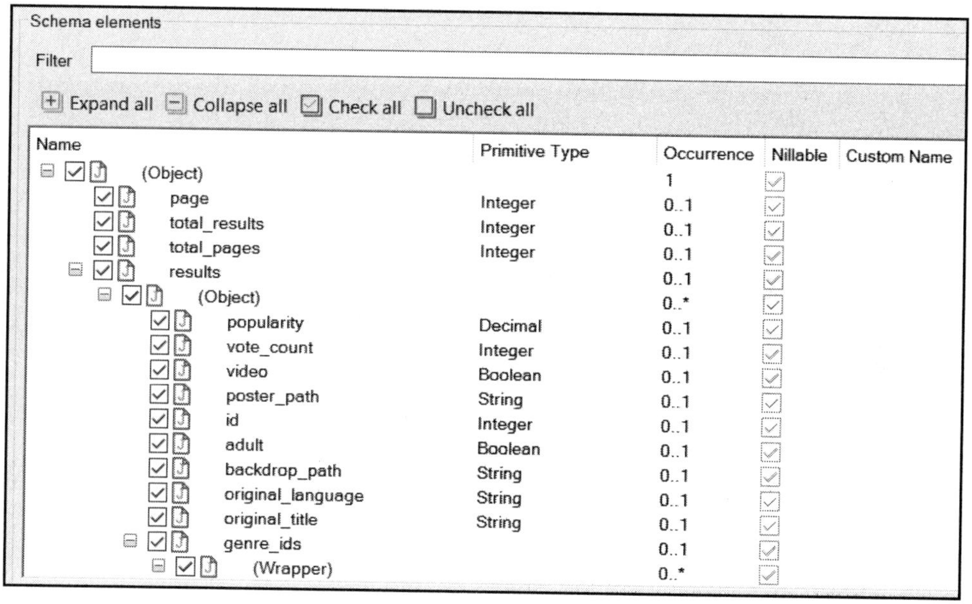

图 12.29　选择模式元素

　　你的导入映射现在将开始成形。你应该会看到类似图 12.30 所示的内容，其中右侧有一些 JSON 对象，但左侧还没有任何映射。

　　（15）单击导入映射窗口顶部功能区中的 Map automatically（自动映射）按钮，如图 12.31 所示。

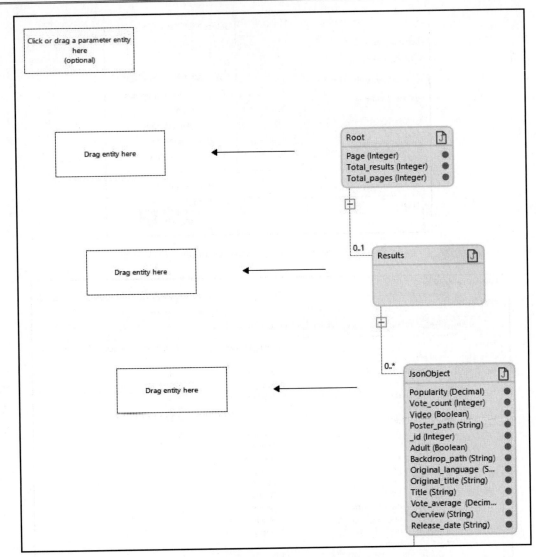

图 12.30　未完成的导入映射

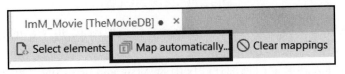

图 12.31　使用 Map automatically（自动映射）按钮

现在，你的导入映射看起来有些不同，因为 Studio Pro 会自动生成多个 Mendix 实体并将它们映射到 JSON 对象。你的导入映射应如图 12.32 所示。

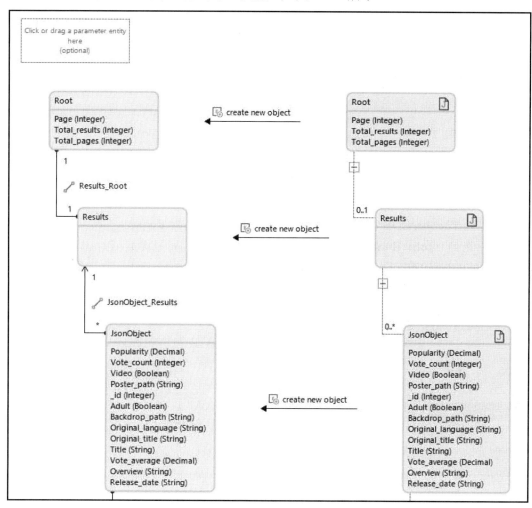

图 12.32　显示 JSON 对象（右）和 Mendix 实体（左）的完整导入映射

12.7.2　执行 REST 调用集成外部数据

完成上述步骤后，现在我们已经拥有了设置 REST 调用以将一些数据拉入我们项目的基础部分！接下来，只需要构建一个微流来进行 REST 调用，并使用一些逻辑来保存结果即可。请按以下步骤操作。

（1）在 TheMovieDB 模块的 Domain Model（域模型）中，新建一个非持久化实体，将其命名为 Request。

为了使实体非持久化，可以在正在创建的实体的 Properties（属性）窗口中将 Persistable（持久化）选项设置为 No（无）。

（2）添加名为 MovieName 的字符串特性。你的实体应如图 12.33 所示，这是非持久化实体，所以显示为橙色而非蓝色。

图 12.33　新请求

（3）向 TheMovieDB 模块添加一个新页面并将其命名为 Request_NewEdit。

（4）选择 Form Horizontal（横向表单）作为页面布局，选择 PopupLayout 作为 Navigation Layout（导航布局）。请参阅图 12.34。

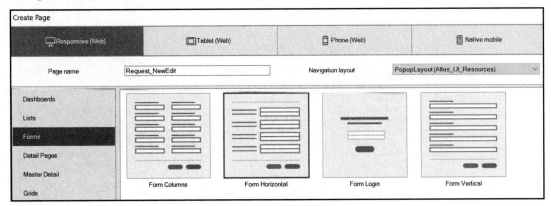

图 12.34　添加新页面

（5）将 Data view（数据视图）源替换为刚刚在步骤（1）和步骤（2）中创建的 Request 实体，如图 12.35 所示。

（6）单击 Edit Data View（编辑数据视图）窗口中的 OK（确定）按钮。

（7）出现如图 12.36 所示的弹出窗口时，单击 Yes（是）按钮。

Studio Pro 将自动抓取 MovieName 特性并在页面上创建一个输入字段。你的新页面现在如图 12.37 所示。

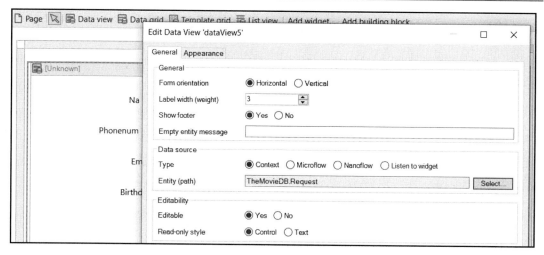

图 12.35　数据视图选项

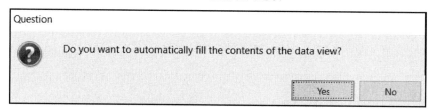

图 12.36　提示自动填充数据视图内容的弹出窗口

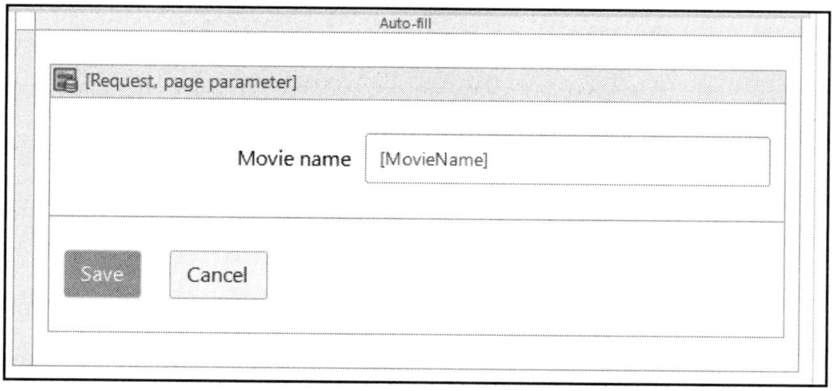

图 12.37　带有输入框的新页面

（8）向 TheMovieDB 模块添加一个新的微流并将其命名为 ACT_Request_New。

（9）添加一个 Create Object（创建对象）操作以创建新请求，也就是在步骤（1）和步骤（2）中创建的实体。

（10）添加一个 Show Page（显示页面）操作，打开刚刚在步骤（3）和步骤（4）中创建的页面，如图 12.38 所示。

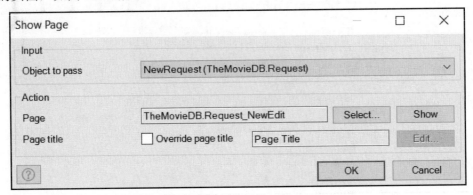

图 12.38　Show Page（显示页面）操作设置

（11）选择新页面后，在 Object to pass（要传递的对象）下拉列表框中选择 NewRequest 选项，然后单击 OK（确定）按钮。

你的微流应该如图 12.39 所示。

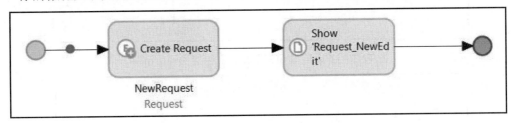

图 12.39　微流示例

（12）在 TheMovieDB 模块中添加一个 Constant（常量）并将其命名为 APIKey。

（13）在 Default value（默认值）中，使用你从 The Movie DB 收到的并用于 Postman 测试的 API 密钥，如图 12.40 所示。

（14）现在可以在 TheMovieDB 模块中创建一个新的微流并将其命名为 ACT_TheMovieDB_GetMoviesByName。

（15）向 Data（数据）类型为 Object（对象）的微流添加输入参数，并选择在步骤（1）和步骤（2）中创建的 Request 实体。

（16）向该微流添加一个排他性拆分，检查并确保 Member 的 MovieName 字段不为空（提示：使用前文创建的规则可使此验证更容易，并可与其他类似验证保持一致）。

（17）在 false 路径中，添加一条验证消息，指示需要 MovieName。

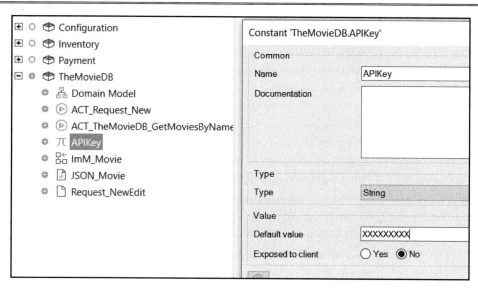

图 12.40　添加 Constant（常量）并设置默认值

（18）确认你的微流如图 12.41 所示。

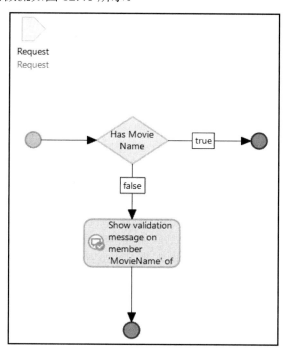

图 12.41　微流示例

（19）在 true 路径中，添加一个新的字符串变量，这样可以对 MovieName 特性值进行 URL 编码，以便安全地传递请求。命名该变量为 MovieName_Encoded，如图 12.42 所示。

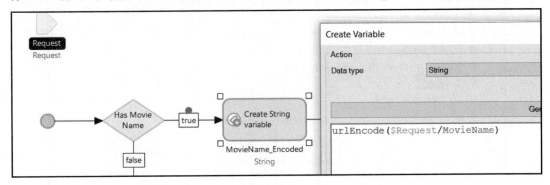

图 12.42　向字符串变量添加 urlEncode 函数

（20）添加一个 Call REST service（调用 REST 服务）操作，如图 12.43 所示。

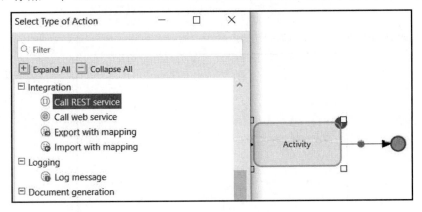

图 12.43　添加 Call REST service（调用 REST 服务）操作

（21）将该 REST 调用的位置设置为：

https://api.themoviedb.org/3/search/movie?api_key={1}&query={2}

其中，{1}和{2}值将替换为在 Location（位置）设置窗口的 Parameters（参数）部分中指定的值，如图 12.44 所示。

（22）在按图 12.44 所示配置位置后，单击 OK（确定）按钮关闭窗口。

（23）在 Call REST（调用 REST）窗口中，转到 Response（响应）选项卡并设置值，如图 12.45 所示。

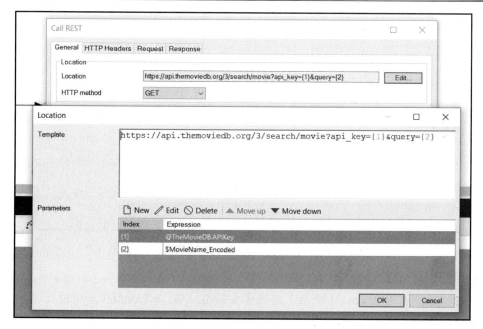

图 12.44　设置位置和参数

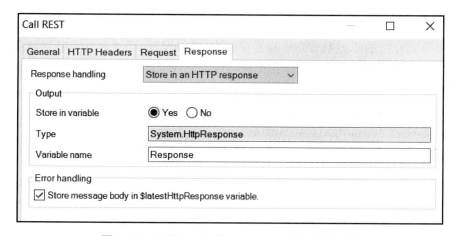

图 12.45　调用 REST 的 Response（响应）选项卡

（24）按图 12.45 所示配置所有值后，单击 OK（确定）按钮关闭窗口并返回到微流。接下来，让我们添加一个 Import With Mapping（通过映射导入）操作。

（25）配置 Import With Mapping（通过映射导入）新操作，如图 12.46 所示。

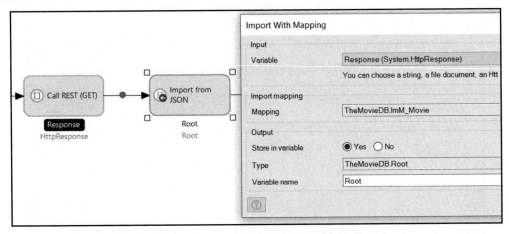

图 12.46　添加 Import With Mapping（通过映射导入）新操作

ℹ️ **注意：**

还可以通过在 Response（响应）选项卡中的 Response handling（响应处理）下拉列表框中选择 Apply import mapping（应用导入映射）选项来选择直接在 Call REST（调用 REST）操作中应用导入映射。请参考图 12.45，其中显示了 Store in an HTTP response（存储在 HTTP 响应中）选项。

（26）上面介绍的两种响应方法都是正确的。我们发现，通过将导入映射与 Call REST（调用 REST）操作分开处理，可以在出现问题时更轻松地进行调试。相信你会找到最适合你的方法。

接下来，我们还将添加一个 Retrieve（检索）操作来检索与 Root 关联的 Result 记录。请参考图 12.47 以了解如何配置该 Retrieve（检索）操作。

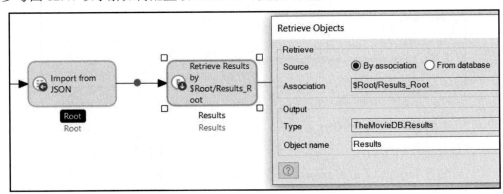

图 12.47　添加 Retrieve（检索）操作

现在我们需要检索从请求中实际返回给 TheMovieDB 的电影列表。

（27）添加另一个 Retrieve（检索）操作以通过 Results 关联检索 JsonObject 列表，如图 12.48 所示。

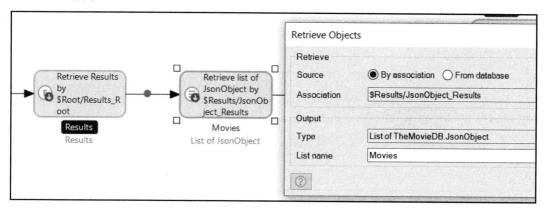

图 12.48　添加第二个 Retrieve（检索）操作

现在再添加一个 Create List（创建列表）操作。

（28）将 Entity（实体）设置为 Inventory.Movie。此列表最初是空的，但很快就会向其中添加记录，如图 12.49 所示。

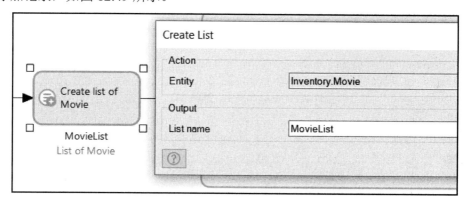

图 12.49　添加 Create List（创建列表）操作

（29）在微流旁边添加一个 iterator（迭代器），以迭代在步骤（27）中检索到的 JsonObject 列表。要添加迭代器，请右击微流中的任何空白区域并选择 Add（添加）| Loop（循环）选项，如图 12.50 所示。

（30）在迭代器中，添加一个 Create Object（创建对象）操作来创建一个新的 Inventory.Movie 记录。其值设置如图 12.51 所示。

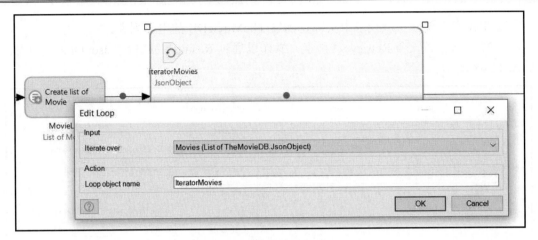

图 12.50　添加迭代器

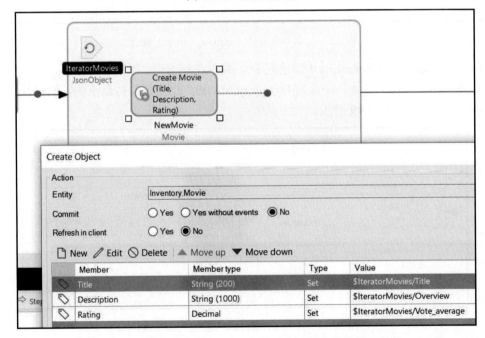

图 12.51　添加 Create Object（创建对象）操作并设置特性值

（31）继续在迭代器中添加一个 Change List（修改列表）操作，将 NewMovie 记录添加到在步骤（28）中创建的列表中，如图 12.52 所示。

（32）现在，在迭代器之外，添加一个 Commit Object(s)（提交对象）操作来提交在步骤（28）中创建的列表，如图 12.53 所示。

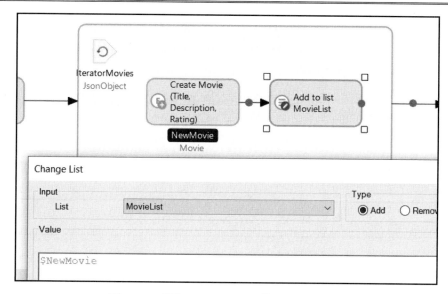

图 12.52　添加 Change List（修改列表）操作

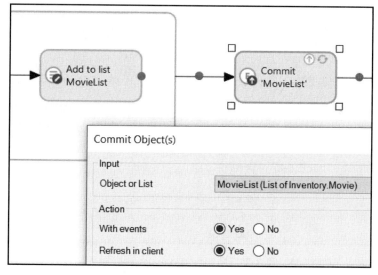

图 12.53　添加 Commit Object(s)（提交对象）操作

（33）添加一个 Close Page（关闭页面）操作作为该微流的最后一个操作，如图 12.54
所示。

（34）导航到 Inventory 模块中的域模型并更改 Movie 实体中的 Description 特性以允
许 1000 个字符，如图 12.55 所示。

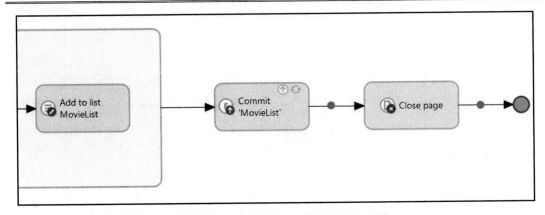

图 12.54　添加 Close Page（关闭页面）操作

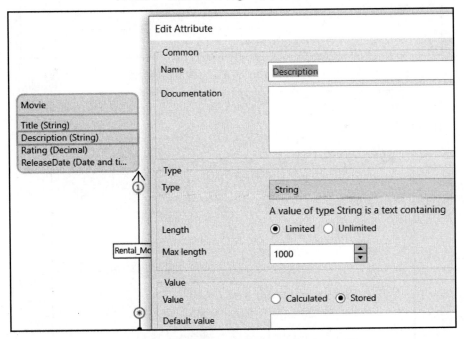

图 12.55　更改字符串特性的 Max length（最大长度）

　　现在我们已经具备了进行 GET 调用的所有逻辑，接下来需要将它连接到用户界面中的一些按钮，以便可以对其进行测试。

　　（35）导航到在步骤（3）和步骤（4）中创建的 Request_NewEdit 页面。

　　（36）将 On click（单击时）操作更改为 Call a Microflow（调用微流），并选择在步骤（14）中创建的微流（ACT_TheMovieDB_GetMoviesByName），如图 12.56 所示。

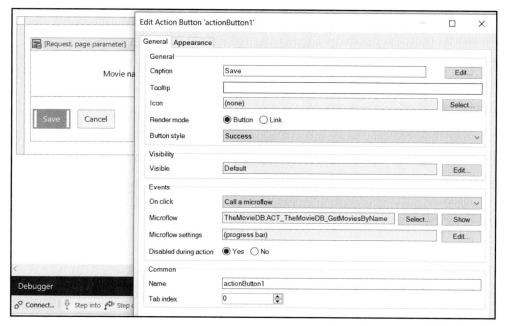

图 12.56 更改 Save（保存）按钮的 On click（单击时）操作

（37）在 Microflow settings（微流设置）选项中，单击 Edit（编辑）按钮打开 Microflow Settings（微流设置）页面。

（38）配置其设置，如图 12.57 所示。

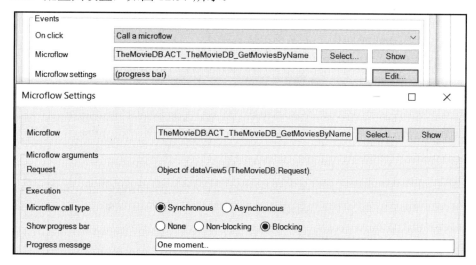

图 12.57 调整微流设置

（39）导航到 Movie_Overview 页面。

（40）向数据网格添加一个新的 Action（操作）按钮，如图 12.58 所示。

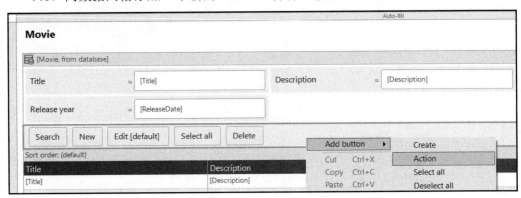

图 12.58　将 Action（操作）按钮添加到数据网格

（41）编辑新操作，如图 12.59 所示。

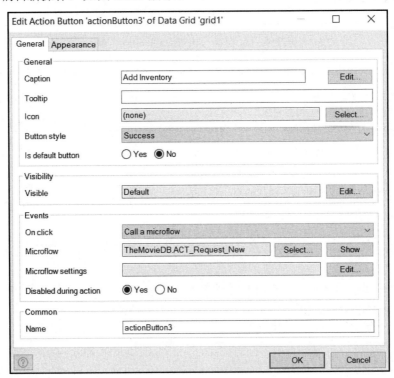

图 12.59　新操作按钮的设置

现在我们拥有了测试所需的一切，可以为项目添加一些电影了。

（42）单击 Studio Pro 中的 Run Locally（本地运行）按钮重新编译你的项目。

（43）项目编译完成后，单击 Studio Pro 中的 View（查看）按钮以在浏览器中查看当前项目。

（44）导航到 Movie（影片）页面，你应该会看到刚刚在步骤（40）和步骤（41）中创建的新按钮，如图 12.60 所示。

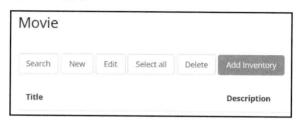

图 12.60　在用户界面（UI）中看到的电影概览页面

（45）单击 Add Inventory（添加影库）按钮，然后输入 Mission Impossible（碟中谍），如图 12.61 所示。

图 12.61　提示电影名称的弹出窗口

（46）单击 Save（保存）按钮调用你的 REST 请求微流。

当请求在后台执行时，你应该会看到 One moment...（请稍候……）提示，表示正在导入该影片的数据，如图 12.62 所示。

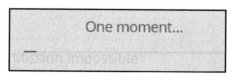

图 12.62　在后台执行操作时的 One moment...（请稍候……）弹出窗口

如果请求成功，你应该会在页面上看到一个电影列表，如图 12.63 所示。

恭喜！现在你已经成功将项目连接到第三方 REST 服务，能够按名称查询电影并将它们保存到你的本地数据库。

Movie		

Search　New　Edit　Select all　Delete　**Add Inventory**

Title	Description	Rating
Mission: Impossible - Fallout	When an IMF mission ends badly, the world is faced with dire consequences. As Ethan ...	7.40
Mission: Impossible	When Ethan Hunt, the leader of a crack espionage team whose perilous operation has ...	6.90
Mission: Impossible - Ghost Protocol	Ethan Hunt and his team are racing against time to track down a dangerous terrorist n...	7.00
Mission: Impossible - Rogue Nation	Ethan and team take on their most impossible mission yet—eradicating 'The Syndicate...	7.20
Mission: Impossible III	Retired from active duty to train new IMF agents, Ethan Hunt is called back into action ...	6.70
Mission: Impossible II	With computer genius Luther Stickell at his side and a beautiful thief on his mind, agen...	6.10

图 12.63　调用 MovieDB 后成功更新的电影列表

ℹ️ **注意:**

如果在步骤(45)和步骤(46)中发出请求时遇到任何错误,请在 ACT_TheMovieDB_ GetMoviesByName 微流上添加断点并执行调试操作。

本节向应用程序添加了少量功能,这些功能允许应用程序连接到 REST 服务。我们添加了一个 JSON 结构、导入映射、一个允许用户输入电影名称作为查询参数的页面,以及一些将所有内容连接在一起的微流。你还可以考虑使用以下功能进行扩展。

- ❑　错误处理。
- ❑　检查 REST 操作是否返回实际结果。
- ❑　添加逻辑以确保不会将重复的电影导入你的数据库。

当然,这些只是一些建议! 你可以自行探索并享受新功能带来的乐趣,相信你能开发出更多有趣的东西。

12.8　小　　结

本章讨论了一些专门用于连接外部世界的主题。我们生活在一个万物互联的世界中,因此,使用外部数据或将数据发布到其他应用程序变得越来越普遍。尽管限于篇幅本章没有全面涵盖连接到另一个应用程序的所有场景和方法,但我们希望为你提供一些有用的入门技巧。

多年的实践和研究告诉我们，集成是你需要花费相当长的时间来积累知识和技能的领域之一。这个领域真正有趣的是它在不断发展、不断变化和适应世界。

本章讨论的最大概念是使用来自第三方服务的数据。当然，The Movie DB 只是成千上万具有 REST 服务功能的网站和系统的例子之一。这个示例非常贴切，因为为我们构建的正是一个视频租赁应用程序。你也可以创建自己的示例项目，然后研究看看还有哪些其他免费 API 可供你试验。通过搜索引擎，你应该会找到一个非常广泛的选项列表！

第 13 章将简要回顾本书各章内容。

12.9　牛 刀 小 试

测试你对本章讨论的概念的理解情况。答案将在第 13 章的"小结"后提供。

（1）REST 常见调用类型包括以下哪些选项？（选择两项）

    A．GET

    B．GRAB

    C．POST

    D．READ

（2）Studio Pro 中有哪两种类型的映射工件？

    A．Import

    B．Expansion

    C．Integration

    D．Export

（3）Mendix 原生支持的两种类型的模式源是以下哪两项？

    A．导入映射

    B．JSON 结构

    C．子微流

    D．消息定义

（4）发布 Web 服务时，如果选择让用户传递加密的身份验证令牌，则可以使用以下哪项？

    A．None

    B．Username and password

    C．Active session

    D．Custom

（5）如果应用程序正在调用第三方 REST API，则称其为以下哪项？

    A．Publishing a REST API

    B．Consuming a REST API

    C．Accomplishing a REST API

    D．Dominating a REST API

（6）在发布 Web 服务时，安全和认证的重要性如何？

    A．不是很重要

    B．比较重要

    C．极其重要

    D．完全不必担心

第 11 章牛刀小试答案

以下是第 11 章牛刀小试的答案。

（1）泛化和特化也称为以下哪项？

    A．Inheritance

    B．Heritage

    C．共模关系

    D．相互依存

（2）判断正误：跨模块关联实体是不可能做到的。

    A．正确

    B．错误

（3）数据关联类型不包括以下哪项？

    A．one-to-many

    B．one-to-one

    C．many-to-many

    D．many-to-none

（4）判断正误：继承始终是比一对一关联更好的链接实体的最佳方法。

    A．正确

    B．错误

（5）判断正误：模块的域模型中至少需要包含一个实体。

    A．正确

    B．错误

第 13 章　内 容 回 顾

恭喜！你已经阅读完本书的全部内容，并在 Mendix 中构建了一个正常运行的应用程序。本章将花点时间帮你巩固所学内容。除开发出一个有效的应用程序之外，更重要的是，你获得了一些全新领域的知识。这些知识奠定了你的 Mendix 基础，并将推动你在低代码程序开发的道路上越走越远。

本章将简要回顾我们在此过程中讨论的主题和信息，从第 1 章的 Mendix 低代码开发介绍，一直到使用 REST API 与第三方服务集成。

本书包含以下主题。

❑　各章内容回顾。

❑　为下一步做准备。

13.1　各章内容回顾

以下各小节将简要回顾本书前 12 章的内容。我们将复习各章提出和强调的核心概念和思想，以加深你的理解。

第 1 章　Mendix 简介

本章详细解释了什么是低代码、它与传统编程的区别以及低代码平台的概念。本章还解释了 Mendix 与其他低代码平台的不同之处。

第 2 章　了解 Mendix 平台

本章介绍了账户创建过程。注册并登录主页后，我们还介绍了用户注册后的页面功能，包括基本的主页布局和页面顶部的导航链接。

通过导航，我们探索了 App Store，你可以在其中连接应用程序和小部件并将其直接下载到自己的项目中。本章还介绍了 Mendix 论坛和文档页面。这些页面提供了与 Mendix 社区的联系，你可以在其中询问和探索你可能遇到的任何问题的答案。

第 3 章　了解 Mendix Studio

本章介绍了有关 Mendix Studio 的基础知识，包括如何启动 Mendix Studio 以及启动后 Mendix Studio 提供的功能等。我们介绍了 Mendix Studio 的用户界面，并提供了有关每个按钮和选项功能的详细信息。

第 4 章　了解 Studio Pro

本章提供了有关 Studio Pro 的详细信息。我们探索了 Studio Pro 的用户界面并指示了它的一些重要的功能。

第 5 章　构建基础应用程序

本章学习了如何从开发人员门户创建项目并在 Mendix Studio Pro 中打开你的项目以访问 Mendix 平台的全部功能。我们使用了 App Store 向应用程序添加常用功能模块，以便可以轻松地向应用程序提供现成的功能。对于 App Store 中未提供的功能，则可以在 Mendix 应用程序中创建自定义功能。

本章还学习了如何在 Mendix Studio Pro 中查找项目安全性、设置和首选项，以便完全控制开发环境。

第 6 章　域模型基础知识

本章学习了有关 Mendix 域模型的基础知识。我们介绍了实体的概念，它是应用程序中用于存储数据的对象，可在业务逻辑和用户界面中检索。

本章还介绍了特性和数据类型，以及如何在实体中存储不同的数据类型。数据片段本身就像 Excel 表格中的单元格，列是特性，工作表是实体，每一行都是一个对象，或者一条数据记录。

最后，本章还介绍了实体关联的概念。

第 7 章　页面设计基础知识

本章学习了如何创建用户界面。Studio Pro 为开发人员提供了页面结构，以向最终用户显示信息。Mendix Studio Pro 中的 UI 设计元素包括页面、布局、小部件和 Atlas UI 构建块等。本章还演示了如何调用页面。

第 8 章 微流

本章介绍了如何在 Mendix 应用程序中使用微流创建自定义逻辑。我们探索了一些常见的微流活动，并创建了一个带有决策逻辑的自定义微流，以在保存时验证对象。

最后，本章还介绍了 Mendix Assist，它是学习如何构建微流并确保开发人员以正确的顺序选择正确的操作的绝佳工具。

第 9 章 自定义应用程序

本章讨论了几个不同的主题，这些主题都围绕为你不断扩展的应用程序和业务需求创建自定义业务逻辑和功能。具体来说，我们讨论了各种特性类型的函数，即字符串函数、整数函数、枚举函数、日期时间函数和关系表达式。当你在 Mendix 中构建自定义逻辑时，毫无疑问会用到这些函数。如本章所述，熟悉 Mendix 提供的原生函数是一个好主意。

本章还详细讨论了子微流。使用子微流主要有 3 个原因：分组相似的功能或逻辑、可重用性和提高大型复杂微流的可读性，最大的原因是可重用性。随着应用程序的增多，你很可能需要反复执行相同的计算、进行相同的 REST 调用或检索相同类型的记录。将这个逻辑维护在一个地方，形成一个子微流，而不是让它遍布在不同位置，将使持续维护应用程序变得更加容易。你应该从一开始就磨练这项技能，并且未来的你会感谢这种磨砺。

本章还讨论了可配置设置的概念。一般来说，这个想法是用户可以调整特定设置，并将该设置拉入应用程序某个地方的某些业务逻辑中，而不是对值进行硬编码。这是一个简单但重要的概念。由于应用程序的规模和规则会随着时间的推移而发展，了解何时适合实施此类解决方案将非常有帮助。

最后，本章还简要讨论了自定义 Java 操作的威力。Mendix 提供了大量原生功能，无需任何传统编码即可完成这些功能。但是，Studio Pro 可提供的内容仍然是有限的，当你开始触及这些界限时，自定义 Java 操作就是真正的突破界限的工具。

第 10 章 错误处理和故障排除

本章的主题是预测、处理和记录数据或流程中的错误。我们讨论了使用 Studio Pro 工具处理这些错误的若干种方法。

本章阐释的第一个主题是防御性编程的概念。正如本章所提到的，防御性编程对于低代码或 Mendix 来说并不是一个新概念。但是，有一些特定的方法可以在 Mendix 项目中实现防御性编程概念。我们首先讨论了防御性的 if 语句。按照本章演示方法编写这些语句，即可在出现问题时查看问题究竟出现在哪里。这是一个简单的概念，但经常被忽视。

本章还讨论了空值检测，包括 empty 和"（空白）检查。当你开始从外部来源提取数据时，该项检查将变得非常重要。

此外，本章还演示了在对数据执行验证时利用规则。规则允许你的验证可重用。因此，开发人员应考虑使用子微流进行验证。

本章讨论的最后一个重要概念是关于错误处理的。由于错误的发生不可避免，因此实施正确的错误处理至关重要。本章讨论了不同类型的错误处理，包括回滚、自定义带回滚、自定义无回滚和继续（此方法应该尽可能避免）。

与错误密切相关的是调试器工具。在开发人员的职业生涯中，调试器是工具包中一个非常重要的工具。了解如何设置断点和单步执行微流是 Studio Pro 开发人员必须熟练掌握的基本技能。

第 11 章　存储数据

本章整合了在第 6 章"域模型基础知识"中首次提出的一些主题，详细阐释了各种类型的关联，包括一对一、一对多和多对多。开发人员应该了解不同类型关联之间的差异并知道何时使用恰当的关联。

本章还讨论了为什么要在项目中实现模块。就像到目前为止讨论的许多概念一样，其基本思想仍是可重用性。向项目添加一个处理非常具体的功能边界的模块意味着该模块可以导出到其他项目并重复使用。这适用于在你和你的团队开发的各种应用程序之间内部共享功能，甚至扩展模块以在 Mendix App Store 上公开提供。

最后，我们还讨论了实体的泛化和特化，这也被称为继承。在项目中利用继承可能是一件很棒的事情，但开发人员仍应仔细了解这样做的利弊。在直接使用继承作为解决方案之前，最好完全理解对特定功能的需求，认真权衡继承与一对一关联。

第 12 章　REST 集成

本章专注于连接到外部世界的讨论。现在几乎每个应用程序都需要以某种方式连接到其他系统。如果你不了解如何在应用程序之间构建简单的集成，那么你将很快发现自己会面临开发上的困境。值得庆幸的是，Mendix 提供了一些出色的原生工具，可帮助开发人员轻松构建集成功能。

本章首先讨论了 REST API 的基本概念，我们强烈鼓励你继续学习和研究一下该主题，因为它有大量的信息需要我们学习、吸收。本章还介绍了一种帮助集成测试的工具，在将任何 API 引入 Studio Pro 之前，Postman 都可以非常轻松地对其进行测试。这当然不是开发生命周期中的必要步骤，但我们经常发现，首先在 Postman（或类似工具）中进行集成，然后通过集成跳入 Studio Pro，这对于集成开发非常有帮助。

　　本章详细讨论了使用 Mendix 在 Studio Pro 中提供的 REST API 的各种工具。我们阐释了 JSON 结构、消息定义和导入映射。这些可能是你集成开发最常用的工具。在建立与 REST API 的连接时，以正确方式使用它们很重要。

　　除了使用 API，本章还讨论了如何从你的 Mendix 项目发布你自己的 API。我们介绍了导出映射和已发布的 REST 服务工件，它们是从你的 Mendix 项目发布 API 时必须掌握的基础知识。

　　最后，本章还介绍了 Mendix 中的基本安全和授权机制。

13.2　为下一步做准备

　　在掌握了低代码和 Mendix 开发的基础知识之后，下一步该怎么走？这完全取决于你自己。你可以继续从事自己的业务，Mendix 开发技能可以使你的工作更加轻松；或者如果你感兴趣，那么也可以选择更深入地挖掘开发技能并将其转变为完整的职业道路。无论哪种方式，掌握 Mendix 开发技能都将为你提供更多的机会。

13.2.1　快速开发人员认证

　　你可以考虑的第一件事是从 Mendix 获得 Rapid Developer Certification（快速开发人员认证）。该认证考试是一系列选择题。考试涵盖的主题与本书资料大致相同。事实上，本书的内容就专为通过快速开发人员认证而设计。

　　当你准备好参加考试时，请转到以下链接并注册：

　　https://academy.mendix.com/link/certification/rapid

　　通过考试并获得快速开发人员认证后，即可加入不断壮大的经过认证的 Mendix 开发人员社区！

13.2.2　高级认证

　　下一个认证步骤是获得你的 Advanced Developer Certification（高级开发人员认证）。

该考试与快速考试有很大不同。高级考试不是你在闲暇时间即可完成的多项选择考试，而是一项实用考试，你需要实际进入 Mendix 项目。你有 3 个小时的时间来完成许多用户故事并修复用户报告的一些错误。然后根据许多不同的标准对你提出的解决方案进行评分，包括可用性和整体印象。

Mendix 建议你在参加考试之前应该有 6～9 个月的 Studio Pro 实践经验。当你准备好后，可转到以下链接并注册：

https://academy.mendix.com/link/classroom/6/Advanced/Exam

13.2.3　专家认证

下一个阶段的认证再次不同于之前的认证。Expert Certification（专家认证）不包括任何考试或项目。相反，这些被你需要放在一起的大量文档所取代，其中包括项目组合、参考文献和论文等内容。除了你需要提交的文件外，你还需要准备一次面试。专家认证背后的概念是 Mendix 确认你拥有使用该平台的丰富经验并且可以证明这一点。在准备好之后，可访问以下网址注册：

https://academyportalcloud.mendixcloud.com/index.html

13.2.4　Mendix MVP

最后，Mendix MVP 计划与任何认证都略有不同。MVP 计划旨在表彰最有价值的专业人士（most valuable professionals，MVP），因为他们会以各种方式回馈 Mendix 社区。开发人员可以被提名参加 MVP 计划，也可以自己申请。如果被接受，MVP 的状态有效期为 1 年。有关该计划的更多信息，请访问以下链接：

https://docs.mendix.com/developerportal/community-tools/mendix-mvp-program

有关当前 MVP 的详细信息，可访问以下链接：

https://developer.mendixcloud.com/link/mvp

13.2.5　附加资源

Mendix 一直在增加培训资源。他们提供了广泛的学习路径，专注于该平台的特定领域。这些资源从初学者的简单介绍一直到专家级的概念和思路都有。因此，我们强烈建议你查看 Mendix 学院的一些重要资源。你可以访问以下链接了解更多信息：

https://academy.mendix.com/link/path

13.3 小 结

希望本书中的课程和信息能让你受益。尽管本书仅对 Mendix Studio 和 Studio Pro 的一些核心特性和功能进行了简要的介绍，但我们希望这能引发你对该内容继续学习的极大兴趣。

第 12 章牛刀小试答案

以下是第 12 章牛刀小试的答案。

（1）REST 常见调用类型包括以下哪些选项？（选择两项）

A．GET

B．GRAB

C．POST

D．READ

（2）Studio Pro 中有哪两种类型的映射工件？

A．Import

B．Expansion

C．Integration

D．Export

（3）Mendix 原生支持的两种类型的模式源是以下哪两项？

A．导入映射

B．JSON 结构

C．子微流

D．消息定义

（4）发布 Web 服务时，如果选择让用户传递加密的身份验证令牌，则可以使用以下哪项？

A．None

B．Username and password

    C.　Active session

    D.　Custom

（5）如果应用程序正在调用第三方 REST API，则称其为以下哪项？

    A.　Publishing a REST API

    B.　Consuming a REST API

    C.　Accomplishing a REST API

    D.　Dominating a REST API

（6）在发布 Web 服务时，安全和认证的重要性如何？

    A.　不是很重要

    B.　比较重要

    C.　极其重要

    D.　完全不必担心